COMMUNITY ECONOMY

社群经济

商业模式+盈利原则+实践案例

郭春光◎著

SPM

南方出版传媒

广东经济出版社

— 广州 —

图书在版编目（CIP）数据

社群经济：商业模式＋盈利原则＋实践案例/ 郭春光著 . —广州：广东经济出版社，2017.1

ISBN 978－7－5454－4875－7

Ⅰ.①社… Ⅱ.①郭… Ⅲ.①互联网络－经济Ⅳ.①TP393.4

中国版本图书馆 CIP 数据核字（2016）第 244983 号

出 版 人：姚丹林
责任编辑：蒋先润
责任技编：许伟斌
装帧设计：视觉传达

出版发行	广东经济出版社（广州市环市东路水荫路 11 号 11～12 楼）
经销	全国新华书店
印刷	中山市国彩印刷有限公司 （中山市坦洲镇彩虹路 3 号）
开本	730 毫米×1020 毫米　1/16
印张	15.5
字数	180 000 字
版次	2017 年 1 月第 1 版
印次	2017 年 1 月第 1 次
印数	1～5 000
书号	ISBN 978－7－5454－4875－7
定价	45.00 元

前　言
Preface

边玩边赚钱，社群盈利就这么简单

　　"互联网＋"时代，全民创业。在我们身边不时出现"丑小鸭"蜕变为"白天鹅"的案例，他们中很大一部分发现了互联网经济的前景，继而抓住了机会，赢得了人生的第一桶金。

　　很多人认为社群无非就是刷屏和灌水，加入社群无非就是谈天说地消磨时间，想要利用社群盈利，可谓痴人说梦。其实，持这种观点的人只看见了社群的表面，并没有看到社群的本质——社群的盈利模式是建立在人群基础上的，只要有人喜欢有人支持，那么盈利也就是自然而然的事情。

　　特别是在移动互联网高速发展的今天，移动设备把人和互联网紧紧地连接在一起，社群可以实现产品服务和用户之间的零距离，做到无缝连接，大大提升消费者的体验感受。更为重要的是，"互联网＋"时代，一切皆有可能，一切产品和服务都可以利用社群来做，拥有的粉丝越多，盈利的可能性就越高。

　　也就是说，我们完全有可能边玩社群边赚钱，用自己喜欢的方式赢得人生的第一桶金。大家都知道，小米手机的成功在很大程度上就源于社群模式，利用这种社群模式，小米手机让用户享受到了服务，给了粉丝参与到新产品研发中去的机会，让粉丝能够在第一时间了解新产品的功能。小米手机的粉丝社群满足了用户的参与感，还让用户买得起手机，买得起好手机。最重要的是，小米手机利用社群向用户传达了这样一种理念：小米手机是尊重每一位用户的，这一点体现在小米手机的快速客服和快速迭代产品方面，让用户通过社群所在的反馈能够真正地成为小米手机不断发展壮大的加速器。

其实小米手机的成功就是一个边玩边赚钱的榜样。移动互联网时代，社群的巨大发展前景让我们有了一个在玩乐中赚钱的途径。我们也要清醒地认识到，社群是每个人都能建立起来的，但是并不是每个人都能玩好社群，赚到自己人生的第一桶金。本书正是着眼于此，从社群的搭建、引流、推广、策略、体验、口碑、平台等方面详细地进行剖析，以期让每一个想要在社群经济大潮中实现淘金梦的人玩得好、赚得多！

目 录
Contents

第一章

移动时代：社群为什么这样红？

在移动互联网时代，一个新名词——"社群经济"诞生了，它迅速成为人们津津乐道的话题，各类"大家"更是一遍又一遍地从不同的视角对"社群"进行解读。那么问题来了：在移动互联网时代，为什么社群突然间爆红了呢？想要弄明白这个问题，就需要了解社群和互联网之间的关系以及社群本身所具备的特殊价值。

1.1 什么是社群

社群在社会学家和地理学家的眼中，是在某些边界线、地区或领域内发生作用的一切社会关系；而在互联网商业专家眼中，社群则特指互联网社群，他们是一群被商业产品满足需求的消费者，以兴趣和相同价值观为基础集合起来的固定群组。

有人的地方就有社群

人都具有社会属性，独自一人是无法长久地生存下去的，个人必须和周围的人互通有无，通过交换活动获得正常生活和工作的必需品，久而久之，有着固定交换价值的人就形成了一种生存依赖关系，组成了一个社群。

图 1-1 人的社群属性

现代社群特指互联网社群

随着互联网的兴起，移动互联网渗透到人们生活和工作的各个方面，社群的内涵开始由传统走向现代，其定义是一群被商业产品满足需求的消费者，以兴趣和相同的价值观集合起来的固定群组。"豆瓣"的出现，为广大消费者提供了对于相同兴趣点的分享平台，正是基于这一点，使其在互联网时代得意、快速地发展。其着眼于电影和书籍之类人们娱乐的刚需产品，继而吸引了一批乐于分享和娱乐并且具有人文主义情怀的核心用户入驻，这些人提供的分享和评价内容又为初步了解电影和书籍的用户提供了一定的参考价值，继而引发了叠加创作，最终这些内容的聚集孕育了人文主义氛围，并且引爆了社群价值，使得"豆瓣"成为文人们登录社群的首选之地。

上午9:26 ⏥ 61%

欢迎来到豆瓣，这里有

1亿
生活玩家

40万
兴趣小组

1800万
影视，图书和唱片

从选兴趣开始吧

图 1-2 豆瓣是一个超大社群

1.2 互联网与社群

随着互联网的迅猛发展，社群已经开启了全面网络化的脚步，越来越多地表现为以互联网平台形式存在的超空间群体。由此可见，互联网让社群有了质的突变，具有了之前不具备的超空间属性，获得了比之前更加强大的生命力。更为重要的是，社群借助移动互联网的迅速发展，开始广泛地参与商业活动，成为很多企业和个人不得不重视的重要产品和服务营销渠道。

1.2.1 互联网改变了"社群"状态

随着互联网技术的快速发展，社群的状态也随之改变。我们知道，传统意义上的社群更多的是指人和人之间的聚集，在某种程度上它是可视的。但因互联网的发展，传统社群开始向网络社群转变，社群的状态也随之发生了根本性的变化。

互联网让社群"由实变虚"

传统意义上的社群更多是指现实生活和工作中人们出于一定的诉求和需要聚集在一起的人群，对每个成员而言，它是真实存在的，社群中的每个人都以真实姓名、真实身份出现，大家能够面对面交流，能够一起做活动，这样的社群是看得见、摸得着的。而随着互联网的迅猛发展，传统社群逐渐搬进虚拟的互联网中，人们开始在虚拟的世界中重新设定自己的身份，重新建立自己的社交和商业关系。如此一来，互联网也就将社群虚拟化，并给予了社群更大的发展空间。

图1-3 互联网改变社群"虚实"

互联网让社群超越了地域限制

在互联网迅猛发展的大背景下，社群也开始全面网络化，由实而虚，进行了一次形态上的质变。质变对社群最大的一个影响就是：让社群彻底摆脱了地域限制，能够将处于不同空间的人们通过互联网"聚集"于一个平台之上，一起谈论共同关注的话题，交流经验、畅谈理想……假如没有互联网，这种同一时间跨地域的聚集是不可想象的。

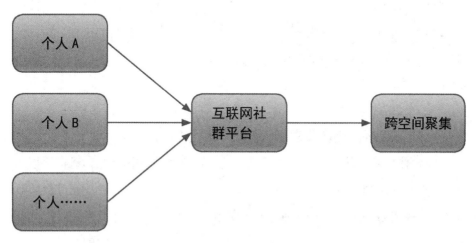

图 1-4　互联网让社群摆脱了地域限制

互联网让社群变得更加高效

当社群"搬"到互联网上之后，在管理上更加扁平化，社群和粉丝之间的互动也就更加顺畅了；另外，社群面向粉丝发布的信息也更加及时、准确。可以说，互联网的迅速发展，让社群具备了信息红利，使其更加智能，在状态上也变得更加扁平、迅捷。

1.2.2 移动互联网，让社群在指尖上跳舞

移动互联网，顾名思义，就是将移动通信和互联网二者结合起来。在移动互联网时代，人们可以轻松地将互联网平台、商业模式和应用与移动通信及时结合在一起，从而实现"动一动手指"就能办成一揽子事。因此，社群在移动互联网时代的生命力也变得尤为强大。

移动互联网发展进入全民时代

工信部在《2015年10月份通信业经济运行情况》中披露，截至2015年10月底，我国移动互联网用户总数已经达到9.5亿，手机上网用户总数达到9.05亿户，对移动电话用户的渗透率已达69.5%。从这组数据中我们能看出，移动互联网的发展已经进入了全民时代，随着时间的推移，特别是手机网民的数量还在持续增加，移动互联网确实已经渗透到了人们生活的方方面面了。

移动互联网，让社群占领人们的碎片化时间

随着移动互联网的迅速发展以及智能终端设备的大量普及，人们可以随时随地在互联网中找到自己所属的社群。这样一来，个人和社群之间就实现了24小时无缝连接。而个人在一天的生活和工作中，有着大量的"碎片化时间"，比如早晨睡醒到起床之前的这段时间、等公交车的时候、工作间隙、午休时、上厕所时……这些时间都可以称之为碎片化时间。而人们可以随时随地通过移动互联网进入社群，这就让社群有了占领人们碎片化时间的可能。

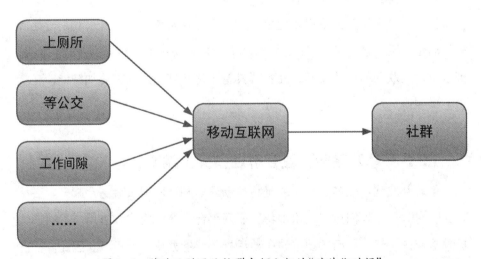

图1-5 移动互联网让社群占领人们的"碎片化时间"

移动互联网让社群更好地满足人们的需求

移动互联网的迅速发展，使得社群和个人之间实现了零空间、零距离，消除了社群和个人之间沟通上的壁垒，使得个人和社群之间的沟通变得更加顺畅。人们只需要动动手指，就能进入社群查看其推出的最新产品和服务；而社群也可以更方便、更快捷地收集用户的体验感受，在此基础上改进自身产品和服务，更好地服务社群成员，满足人们更高的需求。

1.2.3 社群，站在"互联网+"风口上的一头猪

有句话说得好：只要时机把握得好，即使是一头猪也能飞起来。其实在"互联网+"的风口上，社群就是这头飞起来的"猪"。在"互联网+"时代之前，品牌厂商或者个人创业者需要通过不断的扩展门店来尽可能地接触目标消费人群，而在"互联网+"时代，社群的出现打破了空间限制，使得人们足不出户就能够买到各种各样的商品，享受到各种各样的服务。这种商业现象意味着一种新的商业逻辑的更迭——由抢占"空间资源"转换到抢占"时间资源"。

"互联网+"时代，社群大有可为

在"互联网+"时代，用户开始大规模地向移动互联网、社交网络迁移，在这种趋势的带动下，品牌商和零售商会逐渐转移阵地。这样一来，传统的实体渠道逐渐失效，取而代之的是线上的关系网络，而这种关系网络更多地体现在微博、微信、论坛之类可以相互影响的社会化网络上。而建立在微博、微信、论坛平台上的社群，则是"互联网+"时代最大的受益者。

小米手机的成功就是社群在"互联网+"时代大有可为的代表，其通过小米社区开展线上和线下活动，聚集了大量的手机发烧友群体。这些聚集在一起的"米粉"通过社群源源不断地给小米手机的产品迭代提供建议，同时又在不断地帮助小米手机做口碑传播，这群人就是小米手机的社群粉丝，他们推动了小米手机在"互联网+"时代的狂飙猛进。

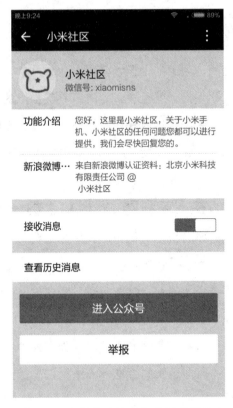

图 1-6 人气高涨的小米社区官微平台

"互联网+"时代，社群是创业者的首选之地

"互联网+"时代，全民掀起了一股互联网创业的高潮，想创业的人都将目光聚集在社群上。要知道"互联网+"时代，粉丝的多少决定了创业能否成功，而社群是粉丝的聚集地，正可谓得社群者得粉丝，有了粉丝的支持，创业成功的概率就变得更大了。因此，社群成了"互联网+"时代人们创业的首选。

"就爱广场舞"部落是由两位创业者共同发起和管理的社群，这个部落经过不懈的努力和维护，逐渐拥有了十几个千人群的部落，群活跃度非常高。起初这个社群仅定位于方便联络以及广场舞图片共享，两位创业者发现了这个社群的商业价值后，便组建了专门的公司来管理这些上千人的社群。最终他们的粉丝达到了 47 万，并拿到了天使投资，两位创业者也因此获得了人生的第一桶金。

图 1-7　"就爱广场舞"官微

1.3 社群营销与传统营销的区别

在"互联网+"时代，社群营销逐渐成为企业和商家青睐的营销手段，而传统的营销方式则逐渐淡出人们的视野，成为"过去式"。那么社群营销为什么会这么火爆？它和传统营销的区别主要体现在哪些方面？

信息的传递方向由单变双

我们知道，在传统的营销中，信息的传递方向是单向的，信息的反馈也是间接的、私下的。比如企业在电视台做广告宣传自己的产品，广告播出去之后，人们究竟看没看，看了之后的感想如何，企业都很难得到直接的反馈，因此这种营销方式中的信息是单向传播的。而社群营销中的信息传播方向则是双向的，企业通过社群做营销，可以在第一时间得到粉丝的反馈，了解营销效果。

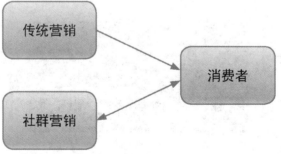

图 1-8　社群营销和传统营销的信息传递方向差异

社群营销是人对人交流

在传统营销活动中，交流往往是以组织对个人的形式开展的，比如在报刊上做广告就是企业这个组织向个人传递信息。而在社群营销中，交流则是以人对人的形式展开的，它依赖于人与人之间的良好的互动关系，在对话中赢得对方的信任，最终在良好的社群关系基础上推销自己的产品和服务。

社群营销中消费者掌握更多话语权

在传统营销中，企业和商家掌握着营销的主导权，生产和宣传什么产品、提供什么样的服务都由其做主。而在社群营销中，消费者掌握着主导权，什么产品好，什么样的服务更周到完全由消费者说了算。也就是说，在社群营销中，消费者掌握了更多的话语权。

1.4 社群经济的价值

社群为什么能够在互联网时代火起来？究其原因，还是在于其具有让人们不得不重视的价值，能够让人们在互联网环境中更便捷地获取信息、更快速地提升知识储备、更方便地进行沟通。正是基于这些价值，社群才会迅速走进人们的生活和工作中，深刻地影响到人们的经济行为。

1.4.1 社交价值

一提到社群，很多人首先想到的就是其社交价值，这也是很多人加入社群的初衷——认识更多的人，结交更多的朋友，扩大自己的社交范围。特别是在现阶段，人们生活和工作节奏都非常快，以至于没有什么时间来交朋友，有了心事无处诉说，最终也就变得越来越孤独，渐渐地衍生出诸多烦恼。而社群的出现，则很好地解决了人们这方面的需求，让更多人交到了朋友。

网络社群消除了陌生感

在现实生活中，假如一个人主动去搭讪另一个人，彼此成为朋友的概率很低，因为人们普遍具有防备心理，特别是对陌生人天生就有一种排斥感。

而在网络社群内，人和人并非面对面沟通，这种虚拟性大大地削弱了人的防备心理，强化了人们主动社交的积极性，因为即使被对方拒绝了，也不会觉得太尴尬。可见社群天生具备社交功能，能够让社群内的人打开内心的防线，敢于交朋友、乐于交朋友。

图 1-9　社群让沟通更自然

共同的兴趣爱好使社群成员更容易成为知心好友

所谓社群，是指由一群拥有共同兴趣爱好的人组成的群体，而相同的兴趣爱好是交友的基础。这样一来，在共同兴趣爱好的基础上，社群中的每个成员都会和另外的成员有共同话题，这样就很容易畅所欲言，生出"相见恨晚"的感叹，所以人们在社群中更容易交到知心朋友。

图 1-10　有共同的兴趣爱好，更容易交朋友

社群中存在着很多合伙人和"伯乐"

对加入社群的人来说，最大的社交红利还是结识合伙人和"伯乐"。其实在很多社群中，这类"社交变财富"的故事一直都在上演，只要善于把握机会，编织好自己的社交网络，那么下一个幸运者也可能就是你。

参与"中国好声音"，每个成员都可以展示自己的歌唱潜力，有机会获得"大佬"的赏识，继而实现自己的人生价值。这也正是"中国好声音"的魅力所在，其社交价值吸引了大批粉丝的关注，成为粉丝展示自我、编织社交网络的大舞台。

图 1-11　"中国好声音"官微

1.4.2 信息价值

在"互联网+"时代，不管是对个人还是对企业来说，信息的价值都空前重要，甚至可以说，谁掌握了信息权，谁就掌握了发展权。社群聚集了大量的各行各业的精英，必然也会带来各行各业的最新信息。如此一来，个人在社群中也就能及时了解到自己所需的信息了。

社群是信息的集散地

在现代社会，信息的重要性不言而喻，而社群则是各类信息的集散地，人们可以在社群中了解天下事，掌握各个行业的最新动态。在移动互联网时代，人们只需动动手指，进入相应的社群，就可以了解自己所需要的最新信息，并有针对性地加以利用，继而将信息价值转化为"物质和金钱"。

图 1-12　天涯社区是信息的"大本营"

社群是获得专业信息的重要渠道

社群除了能够成为信息的集散地，让成员能够在信息的海洋中充分地认知世界和行业信息之外，还可以充当专业信息码头，为成员提供信息专业分析和解读服务，让成员对某一信息认识更加深刻、理解更加到位。社群的这项信息交换功能，对很多成员而言是非常有价值的，这也是很多社群能够吸引成员付费的最大价值所在。

图 1-13 "吴晓波频道"发布专业财经信息

1.4.3 培训价值

培训价值是社群吸引粉丝的又一个"撒手锏"。现阶段科技更新速度非常快，人们的知识储备也需要与时俱进，否则很容易跟不上时代的大潮，慢慢地和社会脱节，甚至影响正常的生活和工作节奏。那么，社群的培训价值主要表现在哪些方面呢？

进行最基本的知识普及

社群培训的一个重要方面是面向成员普及某种全新领域或知识，让之前从未接触过该领域或知识的人对其有一个最基本的认知。在这个过程中，社群实际上起到了一种"引路人"的角色，社群会渐进地培养粉丝在某个领域的知识素养，提升粉丝在某些方面的知识储备。

"瑜伽微社区"是一个致力于提升人们瑜伽水平的社群，它非常重视向成员普及瑜伽知识，用通俗易懂的语言道出瑜伽的超凡功效，力图让每一位成员都了解瑜伽、爱上瑜伽。正是这种坚持普及瑜伽知识的做法，让很多粉丝渐渐地了解了瑜伽在保养身体和调节心情方面的神奇功效，具备了最基本的瑜伽练习知识。

瑜伽是一味药，苦口，但根本停不下来！！

2015-10-28 引领时尚生活 瑜伽微社区

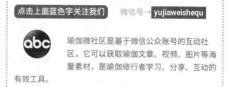

选自：迷尚瑜伽健康时尚杂志 ID: minsanyoga

瑜伽，有人是为了健身，有人是为了减肥，也有人是为了缓解压力。从难以坚持到习惯、再到热爱的停不下来，其实这也未必是一个艰难漫长的过程。瑜伽，很多人就会发现这种药已经不能停。

图 1-14 "瑜伽微社区"普及瑜伽基本知识

提升粉丝的专业技能

社群的培训功能除了表现在科普方面外，还主要体现在提升粉丝专业技能方面。最重要的是，这类培训社群一般都是免费社群，粉丝加入后可以不花一分钱就学到相对专业的技能，省时省力不说，还节省金钱，经济实惠。正是因为社群具备这方面的功能和价值，所以才会让想努力提升自己的粉丝视社群为家，并爱上社群。

"幻方秋叶 PPT"是一个致力于培训粉丝熟练制作各种 PPT 的社群，在这个社群中，粉丝可以通过阅读相关的发布信息，学习制作 PPT 的各种技巧。正是这种真心培训粉丝技能的定位，让"幻方秋叶 PPT"名声大噪，成为想学习 PPT 制作抑或提升自身 PPT 制作水平的粉丝的首选社群。

壹文钱：教程（10）——色色，你好!

2015-10-28 @嘉文钱 幻方秋叶PPT

PPT制作有一个问题总是困扰着小伙伴们——

我要怎么搭配颜色？

这一期和接下来的两期，我们就一起跟着@嘉文钱

图 1-15 "幻方秋叶 PPT"发布 PPT 制作文案

1.4.4 沟通价值

在移动互联网时代，社群之所以能够"红透半边天"，和其自身具备的沟通价值有很大的关系。所谓沟通价值，就是社群可以为成员之间建立起稳

固的交流关系提供必要的渠道，从而使得彼此之间能够更好地了解对方，更快速地走进对方的内心。

提供顺畅沟通渠道

社群的可贵之处在于能够为彼此有交流意向的人提供畅通的渠道，让双方开诚布公地进行交流。比如社群除了组织线上活动之外，还常举办一些线下活动，诸如生日聚会、酒会、茶叙等，这些活动的举办给社群粉丝提供了面对面沟通的渠道，让大家能够在一种轻松愉悦的环境中畅所欲言。

奠定信任基石

社群除了能够为成员提供畅通的沟通渠道和场所之外，还可以提高彼此之间的沟通质量，增强彼此间的信任感。因为在社群中，特别是一些收费社群，对想加入的成员往往有着严格的审查制度，只有经过筛选的人才能成为社群的正式成员。这样一来，就保证了加入到社群中的人都有着共同的信念。如此，成员之间在沟通时就能更加迅速地

图 1-16　"妳的"社群发布聚会信息

信任彼此，沟通的质量也就大大提升了。

"疯蜜"是一个面向精英美少妇群体的社群，其社群定位就是努力提升美少妇群体的生活品质，力求更好地活出自己。为了保证社群成员的质量，最大限度地增加彼此之间的信任，"疯蜜"实行实名制、年费制、邀请制，

对申请加入的成员进行相应的筛选。这样也就最大限度地保证了"疯蜜"社群的纯净性，让大家在沟通中放下戒心，更好地建立起信任关系。

1.4.5 成交价值

社群的成交价值是指其销售产品和服务的功能，特别是在一些产品型社群中，通过对自身产品的精致包装、宣传，营造良好的服务，继而顺利地将产品销售给粉丝。随着移动互联网的快速发展和移动智能终端设备的普及，社群的成交价值正在被慢慢地放大，社群也因此成为企业和个人销售产品和寻求创业机会的首选之地。

有钱+任性+美少妇=【疯蜜】

2015-01-06 疯蜜

疯蜜™

200万精英美少妇社群

有人的地方就有交易

个人不管是生活还是工作都离不开社会，而社会的重要内容就是交易——个人与个人之间、个人与团体之间的交易，通过交易，个人

图 1-17　"疯蜜"社群，构建信任

才能得到生活所需的东西。其实社群就是一个缩微版的社会，成员之间以及成员和社群之间自然也就有了交易需求，这也是社群成交价值的最直接体现。

社群帮助成员互通有无

对加入社群的成员来说，除了有娱乐、交友等需求外，还存在着一种交换需求，想要从别人那里得到自己急需的产品或者服务，抑或想出售自己闲置的物品或擅长的服务等。而社群就刚好为成员的这种需求提供了一个顺畅、安全的平台，社群成员之间可以借助其提供的信息发布机制和沟通渠道，方便快捷地找到交易对象。

移动互联网为社群经济插上腾飞的翅膀

进入移动互联网时代，社群的成交价值借助于互联网的高速发展和智能终端设备的大规模普及被无限地放大，已经成为很多企业和个人营销产品和服务客户的首选之地。很多高科技公司在社群产生的时候就敏锐地觉察到社群所具备的成交价值对市场的巨大影响力，继而抢占先机，建立起自己的产品社群，在吸引大批粉丝加入的同时，也在社群中大力地宣传了产品，将粉丝轻轻松松转变成了产品的忠实消费者。

"花粉俱乐部"是华为专门为喜爱华为手机的粉丝创建的社群，华为充分利用了社群的成交价值这一点，通过科普华为手机的高配置信息以及各种新功能，鼓励粉丝发布手机使用心得，最大限度地赢得了粉丝的"信任背书"，不仅将粉丝转变成华为产品的消费者，而且还通过粉丝的口口相传，影响到更多的人。如

图 1-18　"花粉俱乐部"
借助无线互联进行营销

此一来，喜爱和信任华为手机的人也就越来越多，购买华为产品也就自然成了很多人的选择。

1.5 破局：免费还是收费

对社群而言，怎样才能保持长久的生命力是一个很有挑战性的课题。为了能够最大限度地吸引粉丝、提升知名度、扩大影响力，很多社群都是免费向粉丝提供产品和服务的。但是有一部分社群则实行会员制，想要加入，必须要缴纳相应的会费才行。那么究竟是免费好还是收费好呢？这就需要社群创建者进行相应的破局，根据自身社群的定位以及向粉丝提供的产品和服务来确定了。

1.5.1 免费死，不免费也死

对很多在网络上"冲浪"的人来说，几乎都有过加入某些社群的经历。但是很多人的"社群冒险之旅"往往都以退群而终，不管是免费社群还是收费社群，很少有能够长久地保持生命活力的。可见对社群而言，不管是免费还是收费，都是为了给社群增添活力，都是以社群"万岁"为目标的。

免费社群普遍存在着灌水、刷屏等现象

很多人刚刚加入社群，心情都是激动、兴奋的，但是一段时间之后，却发现群里的内容并不适合自己，群里充满了灌水、刷屏、广告等，甚至有群友一言不合，就相互争执辱骂，这些现象最终使很多成员选择退群。这些情况对免费社群来说并非个案，而是普遍存在的一种顽疾——免费社群因为资金和人员配置上的薄弱，导致很多社群产品和服务品质不高、管理松散，最终因为大批粉丝的流失而成为"死群"。

让粉丝心甘情愿掏钱很难

相对于免费社群，收费社群的商业化色彩则比较浓厚。个人想要加入该社群，必须要付费才能享受社群提供的相应产品和服务。但是想要让粉丝心甘情愿地购买社群产品和服务，说起来容易，实现起来却很困难：想要让粉丝掏钱，社群所提供的产品必须是精品，但是现阶段，很多付费社群的产品并没有达到这种标准。所以，现阶段付费社群做大的寥寥无几，很多付费社群因为成员数量有限，活跃度不够，形同"死群"。

1.5.2 收费社群的优势

收费社群相对免费社群而言，在吸引粉丝、发展潜力方面都具有相对优势。虽然从表面上看，免费社群相对于付费社群而言具备天生的优势，免费获得产品和服务的社群更能引发粉丝的加入热情，但是收费社群却能提供更加专业的产品和服务，更好地满足粉丝的需求。具体而言，收费社群存在如下优势。

迎合消费者"贵的就一定好"的消费心理

消费者在购物时，往往存在这种心理：产品价格越高，质量就越好。这种心理促使消费者在财力允许的范围内更倾向于购买价格比较高的商品。其实在粉丝选择社群的时候也存在这种现象：很多粉丝会觉得收费社群所提供的产品和服务相对于免费社群而言会更有品质。这样一来，收费社群的出现也就迎合了人们对高端社群产品的需求，只要社群在产品品质上下功夫，做好服务，那么收费社群就能获得目标粉丝的青睐。

付费是筛选会员的方式

社群向粉丝收取一定的会费，对潜在的社群成员而言是一种无形的筛选：有决心、有魄力、承受能力强的人会选择付费，在社群中找到自己所需的东西，彼此抱团取暖，共同发展；而那些缺乏魄力、决心不足、承受能力比较差的人则会被排除在社群之外。这样一来，就保证了社群成员的"纯正性"，拥有共同属性的一类人聚集在一起，必定会更好地推动社群向前发展。

号称中国商界第一高端社交与网络社交平台的"正和岛"，是中国第一家专注服务企业家群体的实名制、会员制、收费制、邀请制的O2O服务平台。想要成功登岛成为"岛民"，需要满足十分苛刻的条件，缴纳数额很大的一笔会费，这样一来就对申请入会的成员起到了一种筛选作用，保证了登岛成员的可信度。

图 1-19 "正和岛"
实行付费制和邀请制

会费能够帮助社群经营者获得相应的价值和回报

有道是"有回报才有动力"，在收费社群中，会员缴纳的会费就是给予社群经营者的回报，是一种认可和鼓励。社群经营者在获得回报之后，其经营社群的意愿就会得到相应的提升，会更加积极主动地提升社群产品的品质，升级社群服务，更加专业、专心地为会员带来持续的高价值回报。这样一来，社群经营者和付费成员之间就形成了一种良性循环，继而推动社群不断地发展壮大。

第二章

搭建：社群这样搭，就对了！

一个新的社群想要迅速发展壮大起来，成为大家都需要的"朋友"，就需要在搭建上下功夫。所谓搭建社群，就是从社群定位以及粉丝属性、角色分类等方面构建好社群，最终给社群开拓出一个广阔的发展空间。所以，作为社群的建设者，在建设社群之前，需要做足功课，做好搭建环节，这样才能给社群注入强大的发展潜能。

2.1 先定位，再建社群

想要做好一个社群，必须先做好定位，给社群的发展指明一个清晰的方向，确定一条最可行的路线，这样的社群在发展过程中才会"步伐坚定"，真正走进目标人群中，成为他们生活和工作中不可或缺的一部分。那么，对社群创建者而言，应该从哪些方面定位自己的社群呢？

定位好社群的服务人群

在建立一个社群之前，必须定位好自身要服务的人群，这样一来社群在之后制作产品和提供服务的时候才会有针对性，更好地满足目标人群的喜好。很多人在建立社群的时候往往会忽视这一点，觉得社群做大即可，不需要定位什么服务人群，有这种想法的人做出来的社群往往内容泛泛，内容虽大众化，但却让人提不起兴趣。所以，在构建社群之前，首先要做好服务人群的定位，做到有的放矢，这样的社群才具备更强的生命力和更大的发展潜力。

"关爱八卦成长协会"在建立之初就明确地定位了服务人群——

图 2-1　"关爱八卦成长协会"
是关注明星动态群体的最爱

那些关心和喜欢明星的粉丝。正是基于这样的定位，"关爱八卦成长协会"所推出的内容都和明星有关，不管是明星的生活还是工作都有所体现，将大量的明星新闻呈现在粉丝眼前。正是有了这种清晰准确的服务人群定位，"关爱八卦成长协会"才最终获得了大量的粉丝关注，逐渐发展成为娱乐社群第一品牌。

产品和服务上的定位

一个社群想要发展壮大，必须有过硬的产品品质以及令人尖叫的产品体验。一个社群，产品必须是刚需高频，要么是购买高频，要么是使用高频，这才是社群发展壮大的基础和根本。所以在社群构建之初，就必须在产品和服务上做好定位。如果做不到这一点，构建者就不要去幻想社群能够在之后的日子里引领社群经济发展的潮流了。

"吴晓波频道"在构建之初就将自身产品定位于"财经精品"，力求将最精致的财经内容展现到粉丝眼前，为粉丝呈现出一张最真实的财经地图，帮助粉丝更理智地认识当前经济发展的大趋势，

图 2-2 "吴晓波频道"专注商业财经产品

从而更好地掌控财富。正是有精准的产品和服务定位的基础，"吴晓波频道"从构建之初就以高品质的产品和服务赢得了众多粉丝的关注，逐渐发展为拥有百万粉丝基数的重量级社群。

2.2 共同属性是社群的基础

社群并不是简单地将一些人聚集在一起就可以发展壮大的，它需要其成员在某些方面具备共同的属性，比如有共同的兴趣爱好，有共同的创业意愿，有一样的娱乐渴望等。对社群而言，共同的属性就如同黏合剂，将不同地点的人黏合在一起，组成了一个可以互相沟通兴趣爱好、交流产品和服务的团体。假如一个社群没有了共同属性，那么这个社群就如同一盘散沙，最终会变成一个"死群"。

2.2.1 找到和你有共同爱好的人

作为社群构建者，怎么才能从无到有构建一个有。也就是说，构建者必须找到和自己有共同爱好的人，将之融入社群，这样才能让社群气氛活跃，大家拧成一股绳，群策群力，让社群获得源源不断的发展动力和空间。

共同爱好是维系社群生命力的源泉

对一个社群而言，想要始终让自身充满生命力，就必须保证群内成员有着相同的爱好。简单地说，一群人集聚在一起，可能是乌合之众，也可能做成大事，最重要的是和什么人一起做事，共同的兴趣爱好能将一群人真正凝聚在一起，形成一股

图 2-3 "关爱八卦成长协会"
微信页面

巨大的力量。

"关爱八卦成长协会"是一个典型的娱乐性社群，一群关心明星生活和动态的粉丝聚集在一起，发布自己喜爱的明星的生活和工作动态，一起探讨娱乐界的风风雨雨、恩恩怨怨。正是因为大家有着共同的兴趣爱好，所以"关爱八卦成长协会"才始终充满了蓬勃的生命力，人气高涨，渐渐发展为一个影响力非常大的社群，成为很多关心明星动态的人的首选之群。

旗帜鲜明地打出社群的"爱好"

既然共同的兴趣爱好是维系社群生命力的源泉，那么对于社群创建者而言，在创建社群时，就要旗帜鲜明地标明社群的兴趣爱好，宣示社群的关注方向，这样才能吸引有着相同兴趣爱好的人加盟，从而最大限度地形成聚集效应，拓展社群并使之发展壮大。

"关爱八卦成长协会"的"会长大人"就经常旗帜鲜明地宣传自己对明星八卦的爱好，以此为自己和社群贴上了鲜明的标签，成功地吸引了很多关注明星生活和工作动态的粉丝加入到社群中。比如"会长大人"经常会在社群微信平台披露自己的行踪，在这些行踪中或多或少都夹杂着一些明星八卦新闻

图2-4 "关爱八卦成长协会"会长"自爆"爱好

以及和粉丝之间的互动。这种展示让"关爱八卦成长协会"变得更加"专业"，对那些关注偶像的粉丝而言可谓一个绝佳的去处。

2.2.2 找到和你有共同价值观的人

一个成长型社群，不管是管理人员还是普通成员，都要有共同的价值观才能真正做到"你中有我"，继而形成一个真正的共同体。假如社群创建者和成员之间抑或成员个体之间在价值观上存在着很大的差异，就容易造成核心成员流失，群组内容杂而无趣，渐渐地，整个社群也就彻底变成了"吹水群"或者"死群"。

共同价值是社群凝聚力的根基

一个社群，管理者和成员具有相同的价值观，才能就社群发展方向达成共识，为社群将来的发展定位定调，齐心协力地推动社群的成长。也就是说，共同的价值观是一个社群形成强大凝聚力的根基，没有它，整个社群就如同一盘散沙，大家沟通起来可能常常会南辕北辙，不仅什么共识都达不成，还可能会因为彼此在价值观上的分歧而引起争吵，甚至上升到相互敌视的程度，最终导致社群分崩离析。

图 2-5　疯狂粉丝创造
疯狂转发量

"关爱八卦成长协会"之所以能够获得广大粉丝的喜欢，凝聚出强大的社群生命力，最关键的一点还是在于它能够和广大粉丝的价值观达成一致——在明星八卦中娱乐。现代社会生活和工作节奏很快，人们的内心普遍比较压抑，需要一扇快乐的窗口，给内心源源不断地注入正能量。正是基于这种共同的价值观，使大家能够积极参与社群话题，主动为社群进行"信任背书"，最终成就了"关爱八卦成长协会"的超高人气。

主动发起符合社群共同价值的话题和社交活动

社群运营者想最大限度地在社群内凝聚价值观相同的粉丝，形成社群发展壮大的合力，需要主动发起符合社群共同价值观念的话题和社交活动。也就是说，社群管理者需要用主流价值观引导粉丝，使得有相同价值取向的粉丝在某个话题或者某项社交活动中进行聚集，久而久之，便会在整个社群或者社群中的某个版块下形成主流价值观念，并且吸引有着相同价值取向的人加入到社群中来。

"关爱八卦成长协会"在社群构建方面就非常善于发起迎合共同价值观的话题，最大限度地将粉丝凝集起来，以推动社群的发展。比如在"康熙来了"停播之前，"关爱八卦成长协会"特意推出了一个小S和赵正平各种"吵架"、斗嘴的爆笑大合集，为粉丝带来了一场娱乐盛宴。

图 2-6 "关爱八卦成长协会"
主动发起娱乐话题

2.2.3 找到和你同一空间的人

在社群的搭建过程中，创建者和成员之间除了要有共同的兴趣爱好和价值观之外，共同的空间属性也非常重要。要知道创建一个社群，除了需要在线上进行互动以拉近彼此间的心灵距离外，还需要在线下开展各种社交活动，增加社群创建者和成员之间的信任感。而线下社交活动的顺利开展，就需要空间上的统一性。

同一空间下的社群生命力才强大

虽然随着移动互联网的迅猛发展，地区和地区之间的空间属性已经大大弱化了，人们可以通过互联网进行便捷的信息交流，在某一个平台上实现"聚会"，但是这种"聚会"不管互动多么美妙，它毕竟是虚拟的，人和人之间的交往也仅仅限于言语、图像、视频等层面。而同一空间下的社群则不然，它除了能够利用互联网传递信息的便捷性在线上进行互动外，还能非常方便地在线下开展各种各样的社交活动，让大家进行面对面的真实交流。这样一来，大家坐在一起探讨共同关注热爱的话题，一起开展活动，人与人之间的信任关系也会快速建立起来，整个社群的生命力也就变得空前强大了。

图 2-7 "K友汇"招募城市负责人

开设各地分群

一个社群要想发展壮大，必定要敞开胸怀接纳五湖四海的粉丝，这样一来，就很难保证空间的统一。为此，社群管理者不妨在各地设立分群，以此最大限度地保证社群管理者和各地社群粉丝在空间上的一致性。所以在构建社群的时候，为了更好地在相同的空间内进行各种社交活动，管理者不妨设立地方分群。

"关爱八卦成长协会"为了最大限度地同各地粉丝处于一个空间内，方便开展各种社交活动，拉近和粉丝之间的情感联系，开设了全球各地QQ活动群。各地的粉丝在关注"关爱八卦成长协会"后，可以根据自己所处的具体地区加入到当地的 QQ 活动群。这样一来，由于大家所处的空间相同，开展线下活动时也就方便多了，这在很大程度上促进了"关爱八卦成长协会"的发展壮大。

图 2-8　"关爱八卦成长协会"开设各地 QQ 群

2.3 角色分类，各司其职

一个社群看似微小，但是想要做好却需要对社群内部成员进行角色分类，各司其职。正所谓"麻雀虽小，五脏俱全"，社群也必须有一套健全的"器官"，它们各司其职、各尽所能，才能高效地运行起来。具体而言，社群的构建者、管理者、参与者、潜水者、统治者、合作者以及赢利者都需要按部就班、各司其职，整个社群才能发挥最大的价值，产生最大的魅力。

2.3.1 构建者：群龙有首，才能一呼百应

社群构建者是指为网络社群设置具体的目标,并规划社群未来和方向的人。社群构建者是社群的"生母"，它可以是一个人,也可以是一个组织、一家企业。那么作为社群构建者，应该践行什么职责呢？

作为社群的大脑，为社群发展指明方向

社群构建者应该站在最高层级上为整个社群的发展指明清晰的方向，做好定位，构建好社群能够提供给粉丝的各种产品和功能形态。可以说，社群构建者的角色类似于设计师，他们为社群注入灵魂,是真正掌握社群发展方向的人。

"正和岛"社群的创建者刘东华将

图 2-9 "正和岛"
定位为中国高端商业社交第一品牌

其定位为"中国商界第一高端社交与价值分享平台"，从而为"正和岛"指明了清晰的发展方向。自社群创建之后，"正和岛"在刘东明的规划下逐渐发展成一个企业家人群专属社群，采用线上与线下相结合的形式，为岛邻提供缔结信任、个人成长以及寻求商业机会的空间。

为社群提供发展所需的制度保障

社群构建者在社群中的职能除了要为社群指明正确的大方向外，还需要健全社群中的各项制度，为社群健康快速的发展提供保障。只有做到有规可循、有章可遵，整个社群才会沿着既定的发展方向前进，不然社群就有可能在之后的发展过程中失去前进的动力，甚至出现"脱轨"的危险。

作为"正和岛"社群的创建者，刘东华为其制定了详细的发展规划，最大限度地保证了社群发展轨迹的正确性。为了保证每个加入社群的人都是业内人士，"正和岛"制定了严格的实名制、会员制、收费制和邀请制。正是有了这些制度的保障，"正和岛"才能快速地向着既定的目标前进。

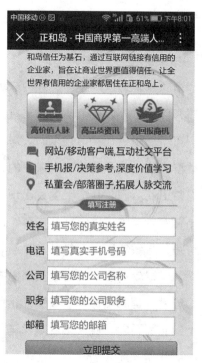

图 2-10　申请加入"正和岛"
需要经过严格筛选

2.3.2 管理者：不是只有 QQ 群才有管理员

QQ 用户对 QQ 群并不陌生，几乎每一个用户都加入了几个甚至几十个各式各样的 QQ 群，诸如同学群、同事群、炒股群等，在这些群里面都有管理员，负责维护谈话氛围，管理群内的具体事务。其实不仅仅是 QQ 群才有管理员的存在，在其他的社群内同样需要管理员，正是这些管理团队的存在，才保证了社群的正常运行，并为其快速发展、壮大注入了更大的活力。

化解成员之间的矛盾，维系社群的和谐

有句话说得好："有人的地方就有是非。"作为一个社群，聚集了大量的成员，在交流的时候难免会出现摩擦，这时就需要管理者及时出面化解矛盾。所以对社群而言，管理员的存在是非常必要的，有利于为广大粉丝提供一种祥和愉悦的交流氛围，促使大家更加积极主动地了解彼此、善待对方。

引导社群话题取向

社群管理员除了维护社群内的和谐关系，为大家营造良好的交流秩序和氛围之外，还有一项非常重要的职责——引导社群话题取向。对一个社群来说，成员在社群内谈论的话题通常五花八门，其中难免会出现一些不符合社群主流价值观的内容，因此有可能导致成员之间的争论甚至是敌对。这时就需要社群管理员出面进行相应的管理和引导，删掉负面话题，发起正面话题，最大限度地保证社群内的和谐与活跃。

作为一个专门提升女性对高端生活认知的社群，"妳的"社群管理者非常善于发起主流话题，将社群成员吸引到具体的内容中去，引导大家探

图 2-11　"妳的"社群发布话题

讨、学习更有品质的生活理念和方式。比如在习主席出访英国期间，"妳的"社群管理者就专门发起了一个学习"唐顿庄园"式的英式礼仪的话题，向成员详细地介绍英式礼仪，极大地带动了社群内的气氛。

组织线下活动

对一个社群而言，要想保持持久的生命力，最大限度地激发粉丝参与活动的积极性，线下聚会等社交活动是必不可少的。因为相对于虚拟的线上互动，线下面对面的交流能够让社群更具魅力，更容易被粉丝所信任。而这类线下活动的发起和组织，则通常由社群管理者承担。

"妳的"社群管理员经常在一个城市发起聚会活动，让大家得以面对面进行交流，在真实欢愉的社交活动中体验更加精致的生活理念。正是因为这些线下活动的开展，使得"妳的"社群在广大女性之中拥有了很高的人气，成为大家争相加入的社群。

"妳的"来到魔都啦！白色情人节翻糖饼干DIY+香槟下午茶聚会

2015-03-08 妳的

"妳的"聚会 上海

"妳的"平台上线两个月来为北京、纽约的用户推出了十几场别致缤纷的线下活动，在其他地区用户羡慕嫉妒地呼唤中，"妳的"终于来到了上海，即将在魔都举办第一场线下活动，魔都首秀推出了融合浪漫的"白色情人节"和女生们听了都会尖叫的"烘焙"主题，还配上了香槟、下午茶来一起与妳度过一段色香味俱全的美好下午时光。

本次"白色情人节"北京、上海两城将同步活动！其他城市的妳也别心急，"妳的"第四站香港站活

图 2-12　"妳的"社群组织线下活动

2.3.3 参与者：社群的"核心活粉"

所谓社群参与者，就是在社群生活中，能够积极地参与社群话题和活动，甚至是主动发起话题和组织线下活动的社群成员。这类人对社群而言可谓"核心活粉"，正是有了这类粉丝的存在，整个社群才彰显出生机和活力，才具备了发展和壮大的潜质。

参与者是社群永葆青春的"沃土"

对社群而言，如何才能长久地保持活跃度、拥有持久的生命力，是一个

不得不面对的问题。其实想要保证社群的生命力，最关键的一点还在于社群要有参与者能够积极地参与社群活动，主动地发起新话题，这样一来整个社群的交流气氛将会变得异常活跃，处处焕发出生机和活力。所以在社群构建过程中，必须重视参与者的作用，将这部分人激活，这样，整个社群才会变得更加"年轻"。

"让眼睛去旅行"是一个专注于为成员提供旅行资讯的社群，为了最大限度地激活社群内的参与者，使他们"尽职尽责"，履行自己对社群应做的"贡献"，社群经常推出一些充满幽默、活泼气息的话题，以此提升参与者的参与兴趣，活跃社群内的气氛。比如其推出的"老外唱Beyond《海阔天空》，一开口，就被秒杀了！"的视频（图2-13），就明显地激活了社群内的参与者，掀起了一股"评论潮"（图2-14）。

图 2-13 "让眼睛去旅行"
社群发布的娱乐视频

图 2-14 该视频下面的海量评论

最大限度地扩充参与者群体

既然对社群而言，参与者有着如此重要的作用，那么在社群发展的过程中，为了保证社群的持久活力和不断壮大，就必须最大限度地扩充参与者的群体数量，让这个社群中的参与者成为绝大多数。如此一来，社群就会处处有生机、处处有活力，形成一呼百应的良好发展局面，继而快速地发展壮大起来。

"关爱八卦成长协会"为了能够最大限度地扩充粉丝中的"参与者群体"，在微信公众号功能版块上做足了文章，其在"好基友们"功能选项中详细列出协会中的众多名人，粉丝只要点击就会收到这些名人发送的语音信息。这样丰富有趣的功能体验，最大限度地提升了粉丝们的参与热情，扩大了社群的参与者群体。

图 2-15 "关爱八卦成长协会"
社群自爆管理层信息吸引粉丝

2.3.4 潜水者：和僵尸粉 SAY "NO"

在社群中，除了构建者、管理者和参与者外，还有很大一部分"潜水者"。所谓"潜水"者，是指这些人自从加入社群之后便很少发表主题，参与社群活动的意愿也不是很强，他们仅仅在看到自己感兴趣的话题时才会进行评论，刷一下自己的存在感。在很多人眼中，"潜水者"之于社群属于可有可无的群体。其实不然，假如社群能够鼓励这部分人充分扮演好自己的角色，也会在一定程度上为社群带来生机和活力。

每个社群都会存在一定的"潜水者"

站在社群管理者的角度上，都希望加入到社群中的每一位粉丝都能积极地参与到社群话题讨论中，主动参与社群发起的各项活动，这样社群才具有蓬勃的生命力。但是作为加入到社群的粉丝而言，也许因为自身价值取向和社群价值取向不合拍，也许因为对主流话题不感冒，抑或自身性格上比较特立独行，就会出现一些参与社群活动积极性比较低的人，这是每个社群都避免不了的现象。

"潜水者"不等于"僵尸"

很多社群管理者总是容易将"潜水者"和"僵尸粉"画等号，其实不然。"潜水者"虽然会长时间"潜伏在水下"，但是遇到感兴趣的话题或活动时，还是会进行评论和参与的。而"僵尸粉"则不然，他们毫无生命力可言，完全不参与社群话题和活动，形同"僵尸"。所以对待"潜水者"，假如社群管理者使用的方法得当，能促使他们多浮出水面的话，就可以大幅增添社群的活力。

创造让"潜水者"浮出"水面"的条件

社群想要"潜水者"最大限度地履行自身的义务，多发言、多参与社群活动，可以在社群话题和活动上做文章，多设置一些让"潜水者"感兴趣的话题，吸引他们更频繁地浮出水面，进行评论；也可以多开展一些有奖评论活动，用奖品来刺激这些"潜水者"，以让其活跃起来。总之，只要社群措施得当，就能有效地激发"潜水者"参与社群话题和活动的积极性。

"江小白"社群，为了能够最大限度地激活"潜水者"，经常会推出一些评论有奖活动。比如其在重阳节到来之际推出的评论有奖话题"发现父母老了吗？"（图2-16），就吸引了众多粉丝的积极参与（图2-17）。在这些参与者中，不乏"潜水者"，这些人的出现提升了社群的人气，让社群处处充满生机。

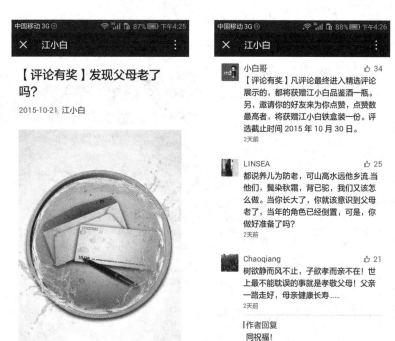

图 2-16　"江小白"
发布情感话题

图 2-17　情感话题引起很多
"潜水者"关注和评论

2.3.5 统治者：活跃社群就靠它

对社群而言，有一部分粉丝不管是在发起线上话题的数量还是参与线下活动的次数上，都具有"统治性"。这类粉丝在社群中异常活跃，或者在某个领域有着丰富的学识和特长，因此在粉丝中具有很大的影响力，在社群议事中拥有比较大的话语权和追随者。这类社群成员就是"统治者"，对社群的发展壮大有着非常大的促进作用。

统治者是社群的脊梁

在一个社群中，统治者往往是发起话题的主力，也是组织线下活动的主力。从其对社群发展的重要性而言，将其称为社群的脊梁一点也不为过。所以，在社群的构建过程中，必须重视统治者的培养，鼓励其更好地发挥自身职责，才能更好地推动整个社群的快速发展。

统治者能够显著提升社群的活跃度

对一个社群而言，最害怕的就是"冷场"，半天不见一个人发言，不见一个新帖的诞生，不见一个人气活动推出。假如一个社群陷入如此境地，显而易见，它是没有什么发展前景的。想要社群热闹起来，甚至是人气爆棚，就需要在社群中培养出统治者。统治者因为在粉丝中的影响力比较大，自身知识面比较广，看待问题的视角比较独特，其发起的话题也很容易引起大家的关注，吸引大家进行激烈的讨论，活跃社群的气氛。

百度"银川发展吧"是由热爱银川城建的一群热血青年创建的社群，它主要关注银川城市建设的信息，诸如轨道交通、超高

图 2-18　"银川发展吧"中的统治者发帖

层建设、商业发展等。在诸多粉丝之中，"银川YC"不管是在发帖数量还是质量方面，都处于一种统治地位，其发布的帖子因为视角新颖、分析深刻而被广大群友所追捧，经常引发评论热潮，成为发展吧中的"热帖"。而在其不发帖期间，"银川发展吧"则显得比较沉默，缺少生气。

给予统治者相应的权限

既然统治者是活跃社群气氛的主力，那么社群为了进一步提升其对社群的主人翁意识，更好地带动社群的发展，可以给予统治者一定的管理权限。这样一来，统治者既是参与者，又是管理者，其参与社群活动的积极性就会空前高涨，整个社群在其带动下也必定会变得更加活跃。

在"银川发展吧"中，统治者大多兼管理者的身份，比如"银川YC"是发展吧的大吧主，这样一来其参与社群的主动性就变得异常高涨，不仅积极参与社群的管理，还会主动发起新的主题帖子，让整个社群常年保持活跃。

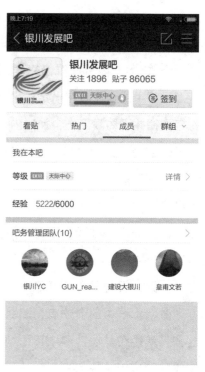

图 2-19　统治者也是管理者

2.3.6 合作者：社群的"外交官"

社群中的合作者是指那些会跨界参与多个社群谈论的人，他们对社群而言主要发挥"外交官"的职能，将不同的社群串联在一起，使社群与社群之间的沟通变得更加顺畅。社群若能增强合作者的串联作用，做好"外交"工作，对社群进一步宣传自身形象、吸引更多的人加入，都有着积极的促进作用。

社群也需要"外交"

很多人觉得一个社群并不需要什么外交人员，毕竟社群内的成员比较多，众多人聚集在一起，本身就形成了一个小社会，不管是产品还是服务，都可以做到自给自足。其实不然，一个社群功能再齐全、服务再周到，也不可能满足所有粉丝的需求。因此，社群之间需要互通有无，借助对方的长处来弥补自身的短处，这也正是社群中合作者的重要职能。

合作者能够为社群带来更好的形象红利

社群中的合作者在一定意义上肩负着社群"形象大使"的角色，社群合作者往往并不局限于一个社群内活动，而是穿梭于不同的社群之中，寻找自己感兴趣的产品和服务。当他们由一个社群进入另一个社群后，势必会在内心将两个社群进行对比，在后一个社群活动中有意无意地讨论前一个社群的相关信息。可见，假如一个社群能够很好地激活本群中的合作者，那么这些人就能在其他社群中正面地传播和社群相关的信息，为社群带来更好的口碑形象。

图 2-20 "GUN_ready2" 为两个贴吧管理者

在"银川发展吧"，"GUN_ready2"是比较活跃的合作者。其在"银川发展吧"中担任小吧主职务，经常发起新帖，活跃贴吧气氛。另外，"GUN_ready2"还在百度贴吧"西北吧"中担任小吧主职务，经常在"西北吧"中推广"银川发展吧"，使得更多的人了解了"银川发展吧"。

吸引更多粉丝加入社群大家庭中

社群中的合作者相当于两个社群之间的"桥梁"，可以将一个社群的具体信息传递到另一个社群中，让另一个社群中的所有成员了解到一个闻所未闻的社群的特色产品和服务，继而产生好奇和加入的欲望。由此可见，社群中的合作者对社群吸收粉丝而言有着巨大的作用，其特殊的"一对多群"宣传方式，很可能为一个社群带来数量庞大的粉丝。

2.3.7 赢利者：付费粉丝，社群的"VIP"

社群中的赢利者是指为社群提供资金方面贡献的成员，他们会为了社群的发展添砖加瓦，对社群的发展壮大有着举足轻重的推动作用。所以对社群而言，应该大力提升付费粉丝的数量，为社群的发展壮大储备更多"血液"。

付费粉丝多少是社群发展好坏的晴雨表

对社群而言，除了向粉丝提供免费的基础功能之外，最重要的还在于赢利。一个社群付费的粉丝越多，证明这个社群所能提供的产品和服务越高端，越被粉丝所认可，值得粉丝花费一定数额的金钱购买。而社群在金钱上有了保障，才能更好地做好产品，向粉丝提供更加优质的服务，获得粉丝更大的认可。这样一来，社群就会进入一个"赢利—提升服务—回赠粉丝—获得认可—再赢利"的良性循环之中。

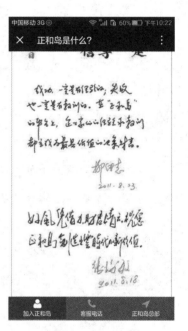

"正和岛"社群因其高端的信息资讯和精准的企业解决方案吸引了很多重量级人物的加入，正是这些人的会费支撑起了"正和岛"社群更加快速的发展，让"正和岛"社群有充分的财力招揽更好的管理者和智囊，不断地提升自身产品质量和服务品质。

图 2-21 "正和岛"展示的会员名人题词

建立起社群会员制

社群想要让粉丝付费，可以采用会员制度的形式——想要成为社群的会员，享受社群提供的高端产品和服务，必须缴纳一定的会费。这样一来，社群就会拥有相对固定的收入来源，而相对固定的会费则会为社群的进一步发展壮大源源不断地输送血液，进一步提升社群的知名度。

"正和岛"社群的发展壮大得益于其会员制，正是在创建初期就健全了会员付费加入制度，对加入会员的身份进行严格审查，确保了每一位加入社群的会员都是真实可信的，从而保障了社群会员群体的健康，为社群的发展提供了源源不断的资金支持。

向付费粉丝提供高品质的产品和服务

想要让粉丝心甘情愿地付费，社群必须要做好产品和服务，让会员享受到普通成员不能体验到的社群乐趣。这样一来，这些VIP会员才会觉得花出去的钱很值得，才会继续支持社群，主动参与社群的各项活动。

"正和岛"社群向VIP会员提供的产品和服务都非常高端，比如在商务讲座方面，其通常能够联系到商界大佬担当课堂老师一职，为"岛民"创造了和偶像面对面接触的机会，倾听这些商界大佬的宝贵经验，让广大会员以身在"正和岛"社群为荣。

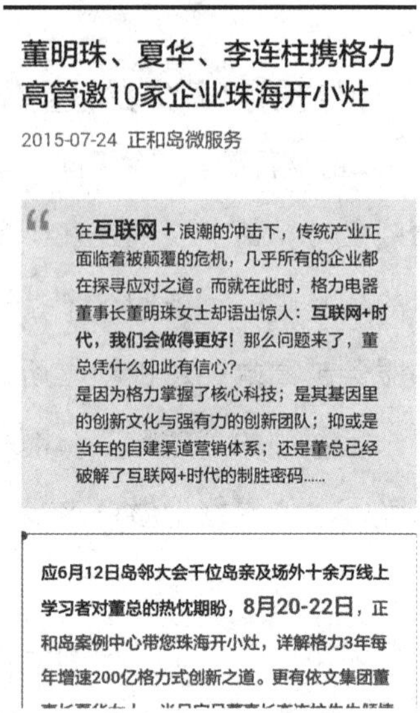

董明珠、夏华、李连柱携格力高管邀10家企业珠海开小灶

2015-07-24 正和岛微服务

> 在**互联网+**浪潮的冲击下，传统产业正面临着被颠覆的危机，几乎所有的企业都在探寻应对之道。而就在此时，格力电器董事长董明珠女士却语出惊人：互联网+时代，我们会做得更好！那么问题来了，董总凭什么如此有信心？
> 是因为格力掌握了核心科技；是其基因里的创新文化与强有力的创新团队；抑或是当年的自建渠道营销体系；还是董总已经破解了互联网+时代的制胜密码……

应6月12日岛邻大会千位岛亲及场外十余万线上学习者对董总的热忱期盼，8月20-22日，正和岛案例中心带您珠海开小灶，详解格力3年每年增速200亿格力式创新之道。更有依文集团董

图 2-22 "正和岛"社群推出的商界名人授课产品

2.4 细分市场，建细分社群

社群能不能迅速发展壮大和市场有着千丝万缕的联系：假如一个社群能够切合市场需求，它就会获得粉丝的青睐，拥有超高的人气；假如一个社群和市场的需求脱节，它就会被粉丝忽略，最终轰然倒塌。所以，社群需要进行细分，找到自身的市场定位，才能俘获特定的目标人群，成为市场上的大赢家。

2.4.1 大社群不一定有大效应

在社群构建过程中，很多人都追求"大"，想当然地认为社群越大，其所能产生的效应越大，不管是影响力还是赢利能力都会相应地增强。其实不然，社群的大小和其所能产生的效应并不成正比，很多时候，大社群不一定有大效应。

社群构建不能盲目求大

社群的大，主要体现在投资规模、管理人员数量、产品研发创作人员规模等方面，在这些方面实力越大，意味着社群能够为粉丝提供的资源越多，产生影响力的可能性也就越大。但这仅仅是一种可能性，假如这些"大"的资源没有用对地方，或者社群的发展定位和目标人群的选择严重脱节，就有可能导致大社群产出小效益，甚至是负面收益。

"立方读书"是一个推广读书习惯、普及书籍知识的平台，其在架构上虽然并不"大"，但是因为推动的知识很精彩，能够为粉丝提供上市新书的相关信息，所以喜欢阅读的人都

图 2-23 简洁的"立方读书"构建框架

愿意加入这个社群，使它在读书人群体中的人气很高。其推出的"大家"版块，更因其权威性而备受粉丝关注，成为书友们津津乐道的话题。

"互联网+"时代，社会分工已全面细化

互联网高速发展的一个必然趋势就是推动社会分工向着更加细化的方向

发展，也使得各行各业都衍生出了新的专业性岗位和工种，出现了一大批专业性服务机构。社群也是如此，"大而不专"并不能适合人们追求专业独特的需求，因而对大部分粉丝而言都是乏味的、无用的。

"吴晓波频道"在创建的时候并没有盲目地求大，其构建者——著名财经作家吴晓波，立足于自身专长，坚持财经专业特色，在社群内进行独家内容发布，内容涵盖视频、文章和测试等。正是在财经类信息上的细化，使得"吴晓波频道"赢得了百万粉丝的关注，成为众多人了解财经信息、关注经济发展趋势的首选平台。

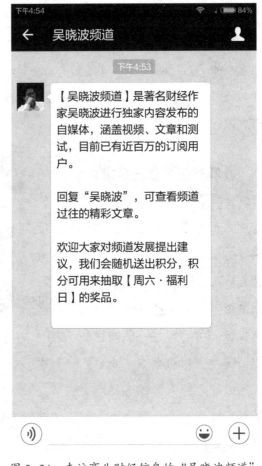

图 2-24 专注商业财经信息的"吴晓波频道"

2.4.2 小而美，少而精

既然社群盲目求大并不一定能带来显著的影响力，那么我们不妨让社群往"小"处发展，在"小"上做足文章。所谓的"小"，并不意味着社群简陋，相反，在其简单化的框架支撑下，提供给粉丝的应该是小而美的便利化服务，能够让加入到社群的粉丝在第一时间找到自己需要的产品，以"深度"取胜，让粉丝在享受便利性的同时获得专业性的产品和服务。

小而美，让粉丝在第一时间找到精彩

社群的小而美，要求社群构建者在构建社群的时候，尽量简化社群框架，在内容上下功夫，力求精简的同时还要精彩。这样一来，粉丝在进入到社群之后，便会在第一时间发现出彩的内容，并被其深深地吸引住，社群也就能在第一时间吸引住粉丝的眼球，牢牢地抓住粉丝，以便不断发展壮大。

"疯蜜"是专注于提升女性生活品位的社群，其架构坚持"小而美"的模式，在功能上设置了"加入疯蜜""活出自己"和"全球精选"三个选项，简单而不失精彩。最重要的是，"疯蜜"每期推送的信息都经过特别策划，读起来津津有味，能令读者收获满心的欢愉。正是这种"小而美"的布局，让"疯蜜"社群在女性群体中越来越出名，获得了大批女性的喜爱。

图 2-25　"疯蜜"社群
诱人的聚会、酒会信息

少而精，在专业上做足文章

社群在构建上的"少而精"，主要着眼于目标分群，提升内容的专业程度，做好做精，用深度解读已经专业化社交的内容来吸引粉丝关注。"少而精"需要社群专攻一点，避免大而不精，如此，社群才能在粉丝内心中留下"有价值""有思想"的印象，成为粉丝生活和工作上的好帮手，最终变成粉丝生活中不可或缺的一部分。

"吴晓波频道"是社群"少而精"的典型，比如其专栏版块中的文章，每一篇都有作者对商业人物和现象的专业解读。这些文章视点独特，内容非常有深度，适合从事商业活动的人士阅读。正是这种对市场的细分，使得"吴晓波频道"引起了众多商务人士的关注，在众多社群中脱颖而出。

图 2-26　"少而精"的"吴晓波频道"

2.5 去除中间化，做无缝链接

在社群的构建过程中，去除中间环节，走"一对一"的路线，是社群构建者必须考虑的事情。消除社群和粉丝之间的无形之墙，让社群管理层尽可能地和粉丝"面对面"交流。这样一来，社群管理层就可以随时随地和粉丝进行交流沟通，在第一时间了解粉丝的需求，从而最大限度地走进粉丝的生活，成为粉丝的"知心好友"。

2.5.1 砍掉中间环节，走"一对一"路线

在社群的构建过程中，必须要明确的一点就是：社群必须走简单化的构建路线，砍掉一切不必要的中间环节，最大限度地走"一对一"的路线。这就好比一个组织，运行的层级构建越少，其沟通成本才会越低，效率才会越高。所以，不管社群性质如何，针对的目标人群是谁，"一对一"模式都是不可或缺的构建选择。

简单化，社群运行才更高效

对于一个社群而言，能不能高效地运行，为粉丝提供高质量的产品和服务，关乎社群的发展前景。而高质量的产品和服务，除了需要依靠社群自身的力量制造生产外，粉丝的真实体验感受也是不可多得的宝贵财富。正是因为能够在第一时间收集到粉丝的体验感受并且做出相应的改进和调整，社群的产品和服务才能始终获得粉丝的青睐，而这一切都离不开社群的高效运转。

一直致力于帮助更多女性拥抱高品质生活的社群"妳的"，在社群构建方面就一直坚持简单化的原则，其官微版面只有三个版块："妳的推荐"，主要向粉丝推荐社群主打产品；"妳的聚会"，主要向粉丝展示社群的聚会活动；"关于妳的"，则主要介绍社群的前世今生。这样一来，简单的构建框架让"妳的"社群得以高效地运行，和粉丝的沟通也就更加顺畅了。

图 2-27　精练的"妳的"社群

"一对一"沟通，做粉丝的知心好友

社群构建的简单化原则，最主要的目的还是通过减少中间环节，和粉丝实现"一对一"的沟通和交流，最大限度地贴近粉丝的内心，融入粉丝的生活中去。在构建社群的同时，必须搭建社群和粉丝"一对一"联系的通道，能够让粉丝在第一时间联系到社群，方便社群和粉丝之间的沟通。

"妳的"社群官微为了能够和粉丝进行"一对一"沟通，在构建过程中专门引入了微信沟通机制：粉丝可以在官微上直接给社群发送文字或者语音信息，社群在接收到粉丝的信息后会立即回复，解答粉丝最关心的问题。

图2-28 "妳的"社群可以和粉丝进行"一对一"的沟通

2.5.2 消除隔膜，零距离亲近粉丝

一个社群和粉丝之间联系紧密与否，直接影响着这个社群的发展前景：社群和粉丝之间越亲密，就越能获得粉丝的支持，其发展潜力也就越大；社群和粉丝之间的关系出现了隔膜，甚至是处于一种冰冷的状态，那么社群就毫无生机可言，缺少粉丝的支持，就更谈不上什么发展潜力了。所以，一个社群想要发展壮大，就必须学会怎样消除隔膜，零距离亲近粉丝。

将自身定位为粉丝的"仆人"

想要彻底消除和粉丝之间的隔膜，社群必须首先将自己定位于消费者的"仆人"，全心全意地为消费者提供产品和服务。假如社群没有这种服务粉

丝的意识，甚至觉得自己是管理者，对粉丝而言有一种高高在上的优越感，那么社群和消费者之间的隔膜就永远不会消除，反而有加深的趋势。

"花粉俱乐部"从建立伊始就将自身定位于粉丝的"仆人"，秉持随时随地为粉丝服务的理念，最大限度地满足粉丝的需求。为此，其专门推出了华为手机售后服务中心查询功能，粉丝可以利用此功能快速查找到自己所在城市的华为手机售后网店。正是这种贴心的服务，让花粉更加喜爱"花粉俱乐部"，觉得身在其中，有了家的感觉。

图 2-29 "花粉俱乐部"
上的售后网点

开辟尽可能多的直联渠道

社群想要消除隔膜，和粉丝心连心，最简单的一个方法是最大限度地扩宽自身和粉丝之间的直联通道，让粉丝可以通过多种方式反馈信息。比如社群可以通过公布业务电话、微信号、QQ 号等方式，让粉丝获得尽可能多的信息沟通渠道。这样一来，直接顺畅的联系必定会带来心与心之间的交流，社群在和粉丝交流的过程中，也就有了零距离亲近粉丝的机会，可以更有助于真正走进粉丝的内心，获得粉丝的喜爱和信任。

2.6. 构建当地社群

社群的构建离不开空间因素，因为人都有一种常见心理——彼此之间的空间距离越近，心灵距离也会相应缩短，相互之间的交流也就越容易。而且人和人之间的空间距离越小，举办线下活动时就越方便，社群的活跃性就越大。所以，一个社群想要长久保持活跃，必须重视当地社群的构建，让社群在每个人的身边，看得见、摸得着。

2.6.1 本地人才"根红苗正"

虽然在移动互联网高速发展的今天社群已经网络化，人和人之间的空间属性已经大大弱化，但是由于网络天生具有的虚拟性，使得纯粹依靠线上活动的社群容易给人一种不真实感。特别是对于某个城市的粉丝，想要去另一个城市参加社群组织的活动，必须花费一定的时间和金钱才能实现，其中的曲折往往会淡化社群活动所营造的效果。

社群需要"本地化"

一个社群，不管做得多大，具体到某个城市，也需要积极融入这个城市的风俗人情中去。而在一个城市，本地人之间的相同点很多，心理上的距离也会更近一些，彼此都"根红苗正"，因此聚集在一起的意愿也就更强烈，对社群的认同感也会随之变得强烈。所以，社群都有本地化的需求，这样的社群才更合乎当地粉丝的胃口。

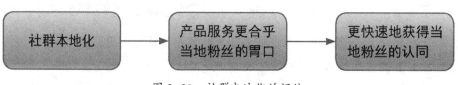

图 2-30　社群本地化的好处

建立社群在当地的分群

对一个社群来说，超越地域的限制能够开拓出更为广阔的市场，吸引更多的粉丝加入，但是本地化则能更好地构建出社群的特色，更容易凝聚人心。那么，社群有没有一个两全其美的办法，既能让社群超脱空间限制，又能最大限度地体现出同一地域的特色呢？最简单的一个方法就是建立社群在当地的分群，构建"树状"社群形态。

"K友汇"自创建伊始，就致力于在全球各地创建分群，力图在每一个城市都设立一个分支机构，团结当地的粉丝，负责"K友汇"在当地的线下活动。为了实现这一目标，"K友汇"在2015年启动了大规模的招募活动，招募尚未建立分群城市的当地负责人。随着一些城市当地分群的陆续建立，"K友汇"成功地融入到了每个城市，最大限度地融入到了地方粉丝的生活和工作之中。

图2-31 "K友汇"
积极建立各地分群

2.6.2 找一个当地的"明星"

想要让社群具备鲜明的"当地属性"，除了要多吸纳当地人加入外，还可以打"明星效应"牌。找一个或者多个当地的"明星"，让其为社群代言，这样必定会大大增加社群的当地色彩，在当地引起广泛的关注。

社群当地化要善于利用明星效应

众所周知，几乎每一位娱乐明星都拥有数量庞大的粉丝，其一言一行都可能被粉丝模仿和重视，继而产生巨大的影响力，这就是人们常说的明星效应。所以，在社群"当地化"的过程中，不妨多利用这种明星效应，聘请当地的明星加入社群做代言人。这样一来，明星的影响力就会迅速地转化为社群的影响力，使得社群在当地迅速地打出名

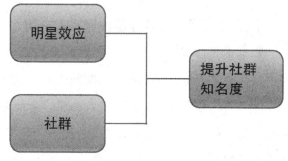

图2-32 明星效应提升社群知名度

气，获得众多粉丝的认可和拥护。

当地明星让社群更迅速地"本土化"

一个人从一个地方到另一个地方时总需要花时间去适应新的环境，要过一段时间才能渐渐融入新的环境中去。对社群而言也是如此，想要真正地融入一个城市，是需要一个相对漫长的适应期的。而当地明星的加入，则可借助明星在当地的影响力，快速跨过这个适应阶段，迅速增加粉丝数量，让社群深入地融入当地人的生活和工作中。

开一个精致的花店、一个甜蜜的烘焙坊，或一个温暖的咖啡厅，似乎是每个女孩的梦想。但真正要去做到，妳可能需要有些才华、坚持、还有足够的勇气。

Daniella便是这般勇敢和幸运的女子：她来自时尚圈，却离开时尚创立自己的花艺品牌Daniella Florist，用自己的才华把女孩儿们对鲜花、浪漫、品味与艺术的全部想象，都汇集在这里。

图 2-33 "妳的"社群展示当地女性明星风采

2.7 社会关系广，社群就强

在社群的搭建过程中，社会关系起着至关重要的作用，可以说社会关系强，社群就强；社会关系弱，社群就缺少必要的发展动力，缺乏强大的号召力。所以，作为社群的构建者，需要在社会关系上做好功课。

社会关系强，社群才能快速获得认可

社会关系能够帮助个人更快速地实现既定目标，这是大家的共同认知。其实创建者的社会关系同样可以转化为社群的社会关系，让社群在吸收粉丝、做好产品方面获得快速的认可，树立起良好的口碑。

图 2-34 "正和岛"社群汇聚高端社会关系

"正和岛"是中国企业家的社交和分享社群平台，其创始人刘东华早在1999 年就认识到中国的企业家需要一个社群，能够为他们提供有价值的信息、打造一个安全的港湾。2002 年，身为《中国企业家》杂志总编辑的刘东华做了两件事——成立了"中国企业领袖年会"和创建了"中企俱乐部"，这让他结识了很多国内一线企业家，积累了大量的社会关系资源。正是这些社会关系资源，让刘东华在创办"正和岛"的时候获益匪浅，让"正和岛"得以在第一时间就在一线企业家群体中打出知名度。

图 2-35　支持和参与"正和岛"的商界大佬

社会关系强，社群才能获得充足的启动资金

创办一个社群并非一件容易的事情，想要让社群的产品尽可能高端、精

致，需要聘请权威人士精心打造，这些都需要社群构建者投入大量的金钱。而社会关系强大的社群构建者则能依靠丰厚的社会关系资源，获得财力上的支持，从而引领社群经济的大潮。

刘东华于2010年12月13日提出辞职，开始全力打造"中国商界第一高端社交与价值分享平台"，柳传志、马云、王健林等近30位企业家和机构联手给刘东华提供了近亿元的启动资金。正是有了这笔雄厚的社群启动资金，"正和岛"社群才能在一开始就做出令企业家惊叹的产品和服务，成功地吸引了众多商界精英加入。

社会关系强，社群的影响力就强

对社群而言，什么样的人加入，往往能够直接决定社群影响力的大小。比如在某些领域影响力非常大的人加入到一个社群中，那么这个社群必然也会名声大噪，影响力大增，成为众人争相加入的社群。

"正和岛"社群创始人刘东华曾经说过这样的话：能加入"正和岛"社群的人，都是身价过亿且符合"正和岛"价值观的企业家。这是一个高净值群体，"正和岛"把大家需要的、彼此能形成价值的人挑出来，让彼此建立一种学习、沟通的交流关系。从刘东华的话中可以了解到"正和岛"的成员都是商业领域的精英人物，正是这些人物的加入，让"正和岛"社群有了更大的影响力，渐渐发展为中国商业领域的"第一社交平台"。

第三章

引流：粉丝不抢，社群不成

对社群而言，最重要的是要有成员，也就是人们通常所说的"粉丝"。一个社群粉丝数量越多，意味着这个社群人气越高，其产品和服务就越值得体验和购买。所以，社群想要发展壮大，第一要务就是引流，学会怎么去吸引粉丝，只有让自己的粉丝足够多，整个社群才有发展壮大的可能。

3.1 社交 O2O，线上线下都是圈儿

社群想要最大限度引流，提升自身的粉丝数量，首先要掌握社交 O2O 模式。所谓的社交 O2O，是指社群要善于将线下的社会关系转移到线上，更要善于和线上的粉丝进行线下互动。也就是说，社群在引流时需要线上与线下两手抓，两手都要硬，让线上和线下形成良好的促进互补关系，才能最大限度地吸引粉丝，维护好粉丝和社群之间的关系。

社群引流最简单也最有效的一个途径就是将线下的圈子转移到线上，将现实中的朋友变为线上的粉丝。要知道每个人在现实生活中都拥有很多个"朋友圈"，生活上的、工作上的，还有棋友、驴友、牌友等，都可以转化为线上的"圈子"。对社群而言，假如能够深入到这些"圈子"中去发展粉丝，或者干脆将"圈子"搬进社群，虽然表面上看是从线下往线上的简单搬家，但是如果操作得好，就能发挥出"1+1 > 2"的神奇引流效果。

现实中存在着各种"圈子"

社群在引流的时候，不妨将目光着眼于现实中的各种"圈子"上，将之搬到线上，便会形成良好的引流效果。只要我们稍微留意一下，就会发现现实社会中有很多"圈子"，比如聚集在一起的"驴友圈子"，大家因为共同的爱好聚集在一起，假如社群能够打入这些"圈子"，或者干脆在社群中开辟一个旅游版块，方便驴友更好地进行交流和联系，那么，社群的粉丝数量肯定会有很大的增长。

"K 友汇"是一家致力于为粉丝提供优秀社会关系的社群，自其诞生以来就非常注重将现实中的各种"圈子"搬进社群，以壮大自己的粉丝数量。比如针对那时热播的《青春集结号》，"K 友汇"看到了其热播背后的巨大

粉丝圈子，趁机推出了"一边看电视剧，一边同剧组明星群侃"的线上活动，巧妙地将自己包装成《青春集结号》粉丝的聚集地，成功地吸引了大批《青春集结号》的粉丝。

《青春集结号》一边看电视剧，一边同剧组明星群侃，全新体验！约吗！

2015-10-12 K友汇

做好维护，增强粉丝的归属感

社群通过各种方法吸引粉丝加入之后，并不意味着就此万事大吉了。很多时候，假如社群维护不利，不能及时和粉丝进行沟通，提供他们所需要的产品和服务的话，就可能出现"退粉潮"。所以在线上与线下吸粉的同时，社群也需要维护好同已经加入到社群中的粉丝之间的关系，强化粉丝对社群的认同感和归属感，让粉丝发自内心地爱上社群。

图 3-1 "K友汇"社群借助热播剧吸引其粉丝关注

3.2 放下身段，别"傲娇"

社群应该将自己定位于服务粉丝的平台，是粉丝的"朋友"和"贴心人"。这样知心知底的社群才能真正走进粉丝的内心深处，成为粉丝的良师益友，成为粉丝生活中不可或缺的部分。假如社群没有意识到这一点，放不下身段，在粉丝面前总是保持"傲娇"的姿态，甚至是一副"拒人于千里之外"的样子，就很难吸引更多人加入，甚至会让原本加入到社群中的人退出，造成粉丝的大规模流失。

3.2.1 100% 回复每个关注者

社群想要在粉丝中营造一种"亲和"形象，将自己包装成粉丝的"知心朋友"，最简单的一个方法就是 100% 回复每个关注者。当社群能够及时、快速地回复每个关注者的焦点问题时，那么这个社群在粉丝心目中的位置就会直线上升，最终也会因其亲和力成为粉丝生活中不可或缺的部分。

和每位关注者进行互动

一个社群，要将自己定位于粉丝的"朋友"，对每一位粉丝关注的问题都要及时地进行回复，这不仅能够解答粉丝所关注的问题，还可以彰显一种重视粉丝的态度，让粉丝从中感受到一种亲和力。这样一来，粉丝就会从社群及时的回复中看到社群对待粉丝的态度，继而从中受到鼓励，更加积极主动地投身到社群活动中。

"江小白"是一个主打青春小酒的产品类社群，在这个社群中，粉丝除了能够阅读到很多和青春与酒有关的图文之外，还能和作者进行频繁互动，探讨人生和工作上遇到的各种问题。正是凭借着这种每问必答的精神，"江小白"成了粉丝闲暇时必定浏览的平台，大家在其中谈天说地，享受美好的时光。

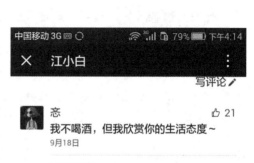

图 3-2　"江小白"积极和粉丝互动

有情感的回复更容易打动人

社群 100% 回复每个关注者，并不意味着回复了就可以得到关注者的认可，只有那些带着感情的回复，才能最终获得粉丝的认可，在粉丝心目中留下深刻的印象，成为粉丝关注的重点。假如社群仅仅是为了回复而回复，不带有任何情感地应付粉丝，那么这种回复就是枯燥的、无味的，甚至会引起粉丝的不快之情，在粉丝心中留下"污点"。

"江小白"社群不仅能够 100% 回复关注者，而且每一条回复都是包含感情的，它的回复往往能够针对粉丝的问题进行相应的情感解读或者深化，挖掘粉丝话语中更深层次的哲学含义。这样一来，粉丝因为"江小白"的善解人意而

图 3-3 "江小白"富有情感地回复粉丝

有了一种"知己难求"的认同感，因此对社群也就更加认同和喜爱了。

3.2.2 没有互动，就没有"粉儿"

社群和成员之间的关系就如同交朋友，需要相对频繁的互动才能完成从陌生到熟悉的转变，拉近彼此心灵上的距离。所以对社群而言，在引流的过程中，需要和粉丝进行高频率互动，拉拉家常、谈谈生活、聊聊工作，这样才能快速地走进对方的内心，吸引更多的人加入到社群粉丝的行列。

积极主动，和粉丝"交朋友"

对社群而言，要拿出和粉丝交朋友的经营理念，坚持和每一位加入到社群中的粉丝进行互动，积极主动地了解粉丝的需求，解答粉丝的疑问，在情感上关心和支持粉丝。假如社群在互动上不积极、不主动，总是等着粉丝提出问题，然后被动地回应，就会给粉丝留下一种慵懒、无趣的印象，继而影响到社群在粉丝心目中的形象，使之对社群逐渐失去信心。

"米柚"经常通过各种比赛活动和米粉积极进行互动，"米柚"通常能够通过各种各样的赛事调动起粉丝的参与热情，最大限度地向粉丝展示自己的魅力，传达和粉丝交朋友的意愿。比如"米柚"推出的"小米好主题"大赛活动，就吸引了众多米粉关注，成功为社群逐渐吸引到了大批粉丝。

图3-4 "米柚"在活动中和粉丝交朋友

用线下活动强化情感联系

社群和粉丝互动的形式不应仅限于线上交流，还应该依靠线下活动进行"深耕"，以面对面交流互动的形式淡化网络的虚拟性，最大限度地拉近社群和粉丝之间的距离。所以在社群和粉丝的互动过程中，社群不妨多举办一些线下活动，用丰富多彩的活动、真实的感受来强化粉丝对社群的情感，促使粉丝进行"信任背书"。

"妳的"社群除了在线上向粉丝推送各种信息、普及各种知识之外，还经常组织一些线下活动，促进社群和粉丝以及粉丝相互之间的交流。由于面对面"直观"，互动性强，气氛欢快，所以在这些活动中，粉丝们不仅认识了更多的朋友，还进一步提升了对"妳的"社群的好感，将身边更多的人拉进了社群。因此，"妳的"社群在女性中广为传颂，渐渐成为女性登录社群的首选平台。

图 3-5　"妳的"社群北京聚会强化成员归属感

3.3 开启免费大门，欢迎粉丝

在社群发展壮大的过程中，免费是一种非常重要的吸引粉丝的策略。要知道在人们的潜意识中，总是有"不劳而获"的倾向，人们都喜欢不花钱的东西，对"免费"天生就缺乏免疫力。所以，在社群的引流过程中，不妨多利用人们的这种心理，敞开大门，张开双手拥抱粉丝，在免费吸引粉丝的基础上打出社群产品和服务的名气，树立起良好的口碑。

3.3.1 基础功能：来、来、来，都不用钱

对社群而言，想要最大限度地吸引粉丝，基础功能免费是一个非常不错的方法。所谓基础功能，是指社群推出的满足粉丝生活和工作需求的一些必需功能，这些功能可以极大地提升粉丝生活和工作的便捷性。这样一来，社群之于粉丝就有了"利用价值"，免费享受社群功能的粉丝自然也就视社群为家园，愿意更加积极地维护和推广社群。

基础功能可以为社群最大化引流

如同一个城市想要充满生机和活力必须为民众提供道路、广场、公园等免费的福利，社群想要快速地发展壮大，最大限度地吸引粉丝的加入，也需要为粉丝提供基础福利，让粉丝免费享受某些功能。比如很多社群会免费向粉丝推送信息，提供娱乐性的游戏，组织线下活动等，这些免费的福利都会极大地吸引粉丝关注社群，并且积极主动地加入社群活动，宣传社群价值。

"正和岛"作为一个汇聚高端社会关系的社群，其加盟门槛和费用都非常高。但是在基础功能方面，"正和岛"却免费对粉丝开放，敞开大门欢迎任何一个关注的人享受。粉丝在关注"正和岛"之后，可以免费享受"正和

岛"提供的商业资讯信息，这些经过认真筛选和分析的资讯信息往往一针见血地为粉丝指出现阶段商业发展的大趋势，带给粉丝莫大的灵感。正是这种高端信息资源的免费推送，为"正和岛"吸引了大量粉丝，极大地扩大了"正和岛"的知名度。

图 3-6 "正和岛"免费向关注者推送信息

基础功能要尽可能多

一个社群免费提供给粉丝的基础功能越多，其被利用的价值也就越大，其对粉丝的吸引力也就越高。所以，社群要在丰富的基础功能上下功夫，为粉丝提供尽可能多的免费产品和服务。

"花粉俱乐部"之所以受到广大"花粉"的欢迎，拥有大量的粉丝，最关键的一点就是其所提供的服务非常丰富，尤其是在手机产品功能介绍和扩展方面，每个粉丝都能在其中找到自己所需求的型号介绍，扩展产品使用、维护以及售后方面的知识。正是这种丰富的基础功能，让"花粉俱乐部"成为一个真正的"花粉之家"，成为大家交流产品功能、了解产品特性、拓展产品深度的家园。

图 3-7　"花粉俱乐部"丰富的服务主题

免费不等于"花架子"

　　有些社群构建者觉得免费提供给粉丝的产品和服务不必太上心，做做样子就好。其实不然，社群免费提供给粉丝的产品和服务看似是一桩赔本生意，但在本质上却起到一种宣传上的"广告效应"——免费产品质量好，服务做到粉丝的心坎里，那么粉丝对社群的认知度就会直线提升，好感也会成倍增加。所以，社群在做免费活动时，需要强化产品质量和服务水平，不仅不能敷衍了事，还要将最好的产品和服务提供给粉丝，力争让粉丝获得一种最优的体验。

在"花粉俱乐部"，粉丝们参与度最高的一项活动就是"花粉随手拍"，参与这项活动不需要花任何费用就能向广大"花粉"们展示自己的生活环境和心路历程。而对广大"花粉"而言，"花粉俱乐部"推出的这项基础展示服务功能，为大家带来了一种新

图 3-8 "花粉俱乐部""花粉随手拍"活动

奇的旅游体验，跟随一个人认识一座城，成了很多人在"花粉俱乐部"中必做的事情。

3.3.2 免费试新品，好玩再加入

对粉丝而言，免费获得产品的试用权是非常大的诱惑，特别是新产品的试用权，对粉丝的"杀伤力"更大。假如社群能够在新产品推出前后向粉丝提供免费试用的机会，那么粉丝也就尝到了"甜头"，这样一来，社群的趣味性也就无限增加了。粉丝觉得这个社群好玩，值得加入，那么社群的引流也就成功了。

开展新产品试用活动

对社群而言，想要最大限度地吸引粉丝的关注，提升粉丝参加社群活动的积极性，除了提供最基本的免费服务功能之外，开展新产品试用活动也是一个非常好的方法。新产品必定有着功能上的创新，而这些创新对粉丝而言是非常有吸引力的，假如能够给予粉丝探究这些新功能的机会，那么在粉丝眼中这个社群就非常有意思，处处充满了趣味性，值得深入参与，这样就势必吸引大量粉丝加入。

图 3-9　华为新品内测招募

"花粉俱乐部"经常在粉丝中招募人员参与新产品内测，让广大粉丝能够亲身参与到新系统的测试中来，在第一时间感受新产品带来的诸多神奇和便捷功能。这样一来，粉丝都将获得内测名额作为一种有趣的体验和荣誉，参与社群活动的积极性也就变得空前高涨了。不仅如此，"花粉"们还将自己参与内测的真实体验积极地分享给周围的人，带动更多的人加入"花粉俱乐部"，使得"花粉"数量不断增加。

免费之外不妨再设置奖品

对粉丝而言，获得免费试用新产品的机会已经是非常大的惊喜了，假如在这种乐趣之外再给予粉丝一份意外的奖品，那么整个免费试用新产品的活动无疑会在粉丝心中留下更深刻的印象，让粉丝享受到更大的乐趣，得到更大的实惠，从而对社群产生更大的归属感。

"花粉俱乐部"在新产品推出之际，通常会面向粉丝推出测评活动，而且这些活动大多数都是有奖品的。粉丝在参与活动获得乐趣的同时，还会获得物质上的奖励，在双重"利好"刺激下，粉丝对"花粉俱乐部"的认同感也就大为提升了。而且奖品的设置让免费测评活动有了更大的吸引力，使得更多的人变身"花粉"，加入到"花粉俱乐部"中。

图 3-10　"花粉俱乐部"公布测评获奖名单

3.3.3 免费时限，过期不候

社群想要最大限度地利用免费来引流，需要在免费时限上做好文章。很多人都有这样的体会，一些永久免费的东西由于时刻都能享受到，对人们的吸引力反而下降了，比如很多社群免费推送的信息资讯，很多人却从不认真品读。而对那些限时免费的产品和服务，由于过期不候，却给粉丝带来了一种紧迫感，使得粉丝在规定的时间内积极踊跃地参与相关活动，享受社群免费提供的产品和服务。

无时限的免费会降低社群自身魅力

社群向粉丝提供的免费产品和服务，除了一些最基本的以外，其他的免费产品和服务都应该设置一个时间段，明确地让粉丝明白：在这个时间段内，这些都是免费的，过期不候。这样就可以很好地避免粉丝因为无时限地享受免费服务而生出的"轻视"。而且在固定时间段内的免费活动能够最大限度地聚集人流，迅速地传播社群的知名度。

小米手机为了提升自身的粉丝关注度，会适时推出一些限时免费活动，用某个时间段内的免费来吸引消费者的关注，制造轰动效应，最大化地提升自身在粉丝群体中的良好形象。比如其推出的"小米邀你免费游海南"活动，就在特定的时间段内吸引了大批粉丝的关注，极大地提升了平台的人气。

> × 　小米手机　　　　　　⋮
>
> **小米邀你免费游海南！不来绝对后悔！**
>
> 2015-10-15 小米手机
>
> **小米骑行团，寻找破风者！**
>
> 想现场感受世界冠军的风采，
> 亲身见证国际顶级赛事吗？
> 小米骑行团，
> 邀你到祖国最南端，
> 征战环海南岛国际公路自行车赛业余精英赛！
>
> 碧海蓝天，椰风海韵
> 挑战自我的同时，
> 还可以免费游海南，感受海岛的别样魅力！

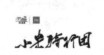

图 3-11 "小米手机"
公布的限时免费游活动

限时的最终目的是营造一种紧迫感

社群之所以要给社群的免费活动戴上限时的"紧箍咒"，主要的目的还是在于营造一种"过期不候"的紧迫感，提醒粉丝们这种免费福利并不是随时都可以享受到的。这样一来，当社群推出一种免费活动时，粉丝们就会有一种紧迫性，会为了自身的"权利"立即行动起来。

"关爱八卦成长协会"利用自身和明星之间的良好关系，每隔一段时间都会推出免费的明星见面机会。这些活动往往都会限定在特定的地点和时间，对关注明星的"小老婆"（"关爱八卦成长协会"对粉丝的昵称）来说机会难得，对当地粉丝的吸引力非常大。每次这样的活动推出后，都会吸引大量的当地粉丝报名参加，而且消息一传十、十传百，很多之前没有关注"关爱八卦成长协会"的人为了获得和明星见面的机会也争相加入，使得整个社群的关注度直线上升。

杭州以及周边的小老婆看这里！！！

(原创) 2015-10-15 会长 关爱八卦成长协会

邮箱：ohmygossip@qq.com

前段时间我不是去上了一期李响的节目响聊聊么，然后李响大锅一直在做一个XiangRunning的长跑公益活动，正好下个月11月1号在杭州2015国际马拉松，所以邀请我和小老婆一起参加，到时候我、李响还有几个其他明星会一起去，这次国际马拉松一共给了我们40个小老婆的名额，所以如果有在杭州或杭州附近喜欢跑步锻炼，想和我面基约跑的小老婆们可以报名呀！以下是活动参与信息：

活动地址：杭州市黄龙体育中心东广场
活动内容：7公里小型马拉松
比赛时间：2015年11月1日上午8：00（准时开跑）
参赛名额：40名

图 3-12 "关爱八卦成长协会"发布和明星一起跑马拉松的消息

3.3.4 只有前几名才有免费增值服务哦

社群除了向粉丝提供免费的产品和服务引流之外，还可以在免费增值服务上下功夫，利用免费为粉丝提供更加专业化、丰富化服务的方法来提升社群在粉丝心目中的价值。也就是说，社群可以利用免费增值服务的方法最大限度地提升粉丝对社群的认知度，快速地树立起社群的口碑，增加粉丝的数量。

免费提升服务的深度和广度

对社群而言，提供给粉丝的免费服务大多数情况下只是初级的，只能解粉丝燃眉之急，而不能彻底满足粉丝的需求。假如社群能够提供免费增值服务的机会，让粉丝可以享受到更加专业和丰富的服务，那么这些享受到深度服务的粉丝对社群的认知度就会大幅度提升，就会主动为社群进行"信任背书"，继而影响更多的人加入到社群中来。

"花粉俱乐部"会为符合条件的粉丝提供免费的增值服务，让粉丝体验至尊特权。比如针对"花粉"中的华为 mate 用户，"花粉俱乐部"便推出了免费增值服务，这些粉丝可以免费享受社群提供的手机维护、保养等特权，这种增值服务在很大程度上凝聚了粉丝的向心力，提升了社群在粉丝心目中的魅力。

华为mate S金卡会员服务给您的至尊特权，也将满足每个消费者对售后服务的所有想象，尊贵、专属、快捷、贴心……

图 3-13　"花粉俱乐部"公布的特定型号深度服务

我要优购码

2015-08-13 华为花粉俱乐部

图 3-14　"花粉俱乐部"每天送优购码

竞争让免费成为稀缺资源

社群产品和服务在免费提供给粉丝时，不妨引入竞争机制，将其免费包装成社群内的"稀缺资源"。要知道，人人都有"竞争心理"，轻易就能获得的东西往往得不到足够的重视，只有那些需要经过努力才能获得的东西才能最大化地激起人们的参与热情。这样一来，原本随时随地可以享受到的免费产品就会上升为粉丝争相抢购的目标。

"花粉俱乐部"为了回馈广大花粉一直以来的大力支持，每天都会免费送出一枚优购码，以此回报粉丝的支持。面对每天仅有的一枚免费赠送的优购码，花粉们都会竭力争取将之收入囊中。所以每天的"花粉俱乐部"都热闹异常，大家为了这个仅有的免费名额卖力"竞争"，使得整个社群充满了生机。

3.4 找到痛点，对症下药

所谓"痛点"，就是粉丝不能被立刻满足的需求。很多时候，由于社群产品和服务设置的固定化，使得其跟不上粉丝需求的变化，导致社群所提供的产品和服务与粉丝需求脱节，继而出现了所谓的"痛点"。所以，对一个社群来说，想要引流，就必须找到痛点，对症下药，满足粉丝最急迫的需求，才能最大限度地吸引消费者的眼球，在激烈的引流大战中站稳脚跟。

3.4.1 粉丝要什么，你就给什么

消费者就是上帝，只有能够满足"上帝"需求的企业和商家才能够真正崛起，在竞争激烈的市场搏杀中站稳脚跟。同样的道理，粉丝对社群而言也是上帝般的存在，社群只有满足了粉丝的需求，才能最大限度地吸引粉丝的关注，成为粉丝的首选之地。

紧紧抓住粉丝的需求

社群在推出产品和服务的时候，要紧紧地抓住粉丝的需求，想粉丝之所想、急粉丝之所急，如此推出的产品和服务才能最大限度地抓住粉丝的痛点，满足粉丝的需求。只有做到了这一点，社群在粉丝眼中才具有更大的吸引力，才能让更多人积极主动地加入到社群中来。

论坛 > 荣耀7

[我耀讨论] 荣耀7 Android 5.1+EMUI3.1内测招募【第二批名单公布】

青牛 V 楼主
2015-8-5 09:10:27   👁 245717   💬 3506

引用:亲爱的花粉,荣耀7 Android 5.1+EMUI3.1计划同步适配全部机型,所以我们也对升级计划进行了相应的调整,内测具体时间请关注适配进度公告。想提前体验版本的花粉,请认真阅读本帖并按要求提交正确的报名信息。

适配机型

PLK-AL10(荣耀7全网通版)
PLK-UL00(荣耀7双4G版)
PLK-CL00(荣耀7电信4G版)
PLK-TL00(荣耀7移动定制版)

图 3-15 "花粉社区"
公布获得测评机会的粉丝名单

健全服务,让粉丝享受"自助大餐"

很多时候,加入社群的人员数量众多,对产品和服务的需求呈现出多样化的特点,以至于社群很难依靠某一种产品或者服务回应所有人的期待。在这种情况下,社群想要最大限度地满足粉丝的需求,就需要在健全产品和服务上下功夫,尽可能地让社群产品和服务"丰满"起来。这样的话,总有一款产品和服务适合粉丝,社群的吸引力也就更加强烈了,粉丝自然也就愿意在社群中"深耕"。

"花粉社区"针对大家渴望参与华为手机系统测评的迫切愿望,在每一款新品研制过程中都会招募粉丝参与到新产品的内测中。这种开放、包容的做法紧紧抓住了粉丝的痛点,因为作为普通人,能够获得参与手机内测的机会意味着一种莫大的荣誉,是非常值得期待和"炫耀"的事情。所以,"花粉社区"这种给予花粉内测参与权的做法巧妙地抓住了粉丝的痛点,提升了社群在粉丝心里的认知度。

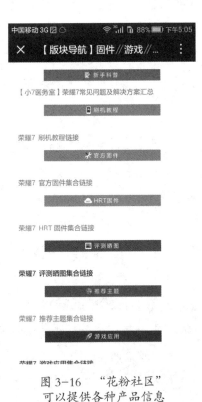

图 3-16 "花粉社区"
可以提供各种产品信息

在"花粉社区"，粉丝可以选择的产品和服务非常多，特别是某一新产品推出之后，社群都会非常全面地对产品的各种功能和常见问题进行"解剖"。正是这种产品和功能的全面性，让粉丝总是能够在其中找到自己需要的那一项，满足迫切的需求，丰富对产品的认知，学到更多的知识。这样一来，"花粉社区"也就成了粉丝的"及时雨"，总会在大家遇到麻烦的时候伸手拉一把，为大家及时解决难题。如此全面的产品和服务自然也就最大限度地满足了粉丝的需求，吸引了更多的人加入其中。

3.4.2 主动发现，主动治疗

对社群而言，想要找到粉丝的痛点，需要自身主动去发现。天上不会掉下馅饼来，假如社群在原地等待，"痛点"是不会出现的，即使出现了，也会被别的社群抢先抓住，等待的社群也就失去了吸引粉丝的先机，无法进入更多人的视野中，继而逐渐走向平庸。因此，社群要学会主动去发现粉丝的"痛点"，而不是等着粉丝说出来，如此才能及时采取相应的措施紧紧抓住粉丝的心。

主动调查，分析粉丝"痛点"

社群想要及时找到粉丝的"痛点"，就需要主动调查粉丝的需求，在调查的基础上进行总结验证，如此才能找得准、抓得住。所以，社群的主动性对吸粉引流来说非常重要，就如同人们之间的交流，主动的一方总能快速询问出另一方的喜好，继而有针对性地设置话题，获得对方的好感，结识更多的朋友。

"疯蜜"社群作为一个帮助女性提升生活质量的社群，通过先前的调查发现，很多女性在提升生活质量乃至创业热情方面，总是有"榜

图 3-17　"疯蜜"社群
为粉丝提供学习的榜样

样需求"——她们渴望看到一个个成功的榜样，希望从这些人身上找到提升的动力，以此激励和鞭策自己。"疯蜜"成功地抓住了粉丝的"痛点"，之后推出的"疯蜜范"版块集中展示了"疯蜜"粉丝群体中的成功者，很好地迎合了粉丝追逐榜样的心理，在粉丝中引发了巨大的反响。

及时治疗，满足粉丝需求

社群通过主动寻找和分析发现了粉丝的"痛点"之后，要立即着手进行"治疗"，缓解他们的"痛"，甚至是彻底治疗他们的"痛"，才能成为粉丝心目中的"及时雨"，服务到粉丝的心坎上，获得粉丝的最大认同。假如社群在发现了粉丝的"痛点"之后却一直不去治疗，满足不了粉丝的迫切需求，那么对粉丝而言，这个社群也就没有什么显著的吸引点，加入的愿望也就不那么急切了。

"疯蜜"社群在治疗粉丝"痛点"、满足粉丝需求方面就做得非常好。在了解到很多粉丝想要拥有一个展示自己生活和工作的舞台时，"疯蜜"就及时推出了《活出自己》众筹出书活动，组织用户通过众筹出书的方式给予每位粉丝在大众面前全面展示自己的机会。此项活动一经推出，由于抓住了粉丝的心理，迎合了女

图 3-18 "疯蜜"推出满足粉丝需求的产品

性展示自己个性的需求，所以获得了广大粉丝的积极参与，成为"疯蜜"的招牌产品。

3.5 杜绝冷漠，给粉丝一个温暖的家

对粉丝而言，加入一个社群除了有功利上的需求之外，在精神情感上也存在着需求，渴望被社群中的人关爱，享受一种类似家庭的爱之氛围。所以，社群除了向粉丝提供产品和服务之外，还需要最大限度地杜绝冷漠，营造一种温馨和谐的氛围，让粉丝可以变身为"王子"和"公主"。如此，社群才能成为粉丝真正的家园，积累起数量庞大的"家人"。

3.5.1 给粉丝家人般的体贴

对每个人来说，家永远是温馨的，是精神上的家园和奋斗力量的源泉。社群让粉丝有了家的感觉，就会让粉丝产生莫大的眷恋，让粉丝对社群更加忠诚，在享受社群产品和服务的时候更愿意付出，让这个"家"变得更温暖、更具吸引力。那么，想要给粉丝家人般的感觉，社群的创建者需要从哪些方面入手呢？

将粉丝当作家人

一个社群想要为粉丝营造出家的感觉，首先要做的就是将粉丝当作家人，用对待兄弟姐妹的态度来对待每一位加入社群的粉丝。如此，粉丝才会在社群生活中感受到家的温暖，感受到关怀、爱和重视，继而对这个"家"产生反哺之情，积极主动地宣传和建设自己的"家园"，让社群变得更加富有魅力。

"妳的"是一个致力于提升女性生活品质的社群，在实现这一建群目标的过程中，"妳的"将加入的每一位成员都视为自己的家人，竭尽全力为粉丝提供各种提升生活品质的信息，提升粉丝对生活幸福的感知能力。除此之

外，"妳的"还为粉丝提供家人般的礼遇，经常组织粉丝们参加各种各样的聚会，普及高端的生活方式，陶冶粉丝的艺术情操。这样一来，社群中的每一个粉丝都有了家的感觉，对社群的认同感大幅增加，纷纷将之视为自己的"第二家园"。

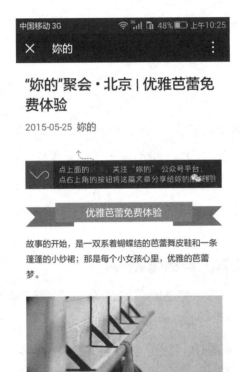

图 3-19　"妳的"推出免费体验活动

为粉丝提供家人般的服务

很多社群都标榜自己是粉丝的"家"，但是说是一回事，做好又是另外一回事，只有那些真心为粉丝提供家人般服务的社群才会真正吸引粉丝，让粉丝将之当成真正的家。比如在粉丝需要帮助的时候，社群要及时提供服务，伸出援助之手，就如同帮助家人那样无私地帮助社群成员，这样，社群成员才会将社群看成是自己生命中的一部分。

　　"K友汇"是一个致力于为成员编织社交网络的社群，在其中汇聚了各行各业的人，彼此之间秉持自由平等的交友精神，最大限度地挖掘人与人之间的情谊。最珍贵的一点是，"K友汇"成员每到一个城市，都能享受到当地"K友"家人般的接待，就如同在任何一个城市都有自己的家一样。

图3-20　"K友汇"
致力让每个城市都是"K友"之家

3.5.2 像对待女朋友一样对待粉丝

　　家给人的感觉是温馨和煦、令人安心顺心的，而女朋友给人的感觉则是甜蜜和愉悦，令人难忘、让人不舍的。当一个社群除了具备家的温馨之外，还能提供给粉丝有如女朋友般的甜蜜愉悦时，那么这个社群在粉丝心目中就会更加富有魅力，更令粉丝不舍，让粉丝痴迷。所以，一个社群要学会像对待女朋友一样对待粉丝，让粉丝能够对社群产生充分的信任感和迷恋情绪，这样一来社群就不再会为粉丝的数量少而发愁了。

嘘寒问暖，营造甜蜜气氛

想要当粉丝的"女朋友"，社群就需要尽到做女朋友的义务，要善于嘘寒问暖，滋润粉丝的心灵，营造出甜蜜的气氛来。粉丝在被关爱的甜蜜氛围中，对社群的认同度也会进一步提升，从最初的依赖变成迷恋，在情感上会进一步同社群拉近，成为社群最忠实的参与者和推广者。

你第一次为什么喝醉？

2015-06-27 江小白

"江小白"对每一位关注它的粉丝而言都是一位"女朋友"，它推送的文章如同女朋友的"耳语"，令人在精神上收获巨大的能量，在心灵上收获足够的愉悦。这样一来，"江小白"也就成了众多粉丝嘘寒问暖的"女朋友"，在其社群上总能找到温暖内心的话语，大家也就越来越痴迷在"江小白"社群上阅读的时光了。

图 3-21　"江小白"社群推送的文章

想粉丝之所想，主动为粉丝服务

对待女朋友需要有前瞻性，不能等到对方有需求的时候才急忙去满足。同样的道理，社群对待粉丝也需要积极主动起来，想粉丝之所想，提前准备好相应的服务，这样的话，在粉丝产生相应的需求时就可以很方便地享受到社群的"知心甜蜜"，社群对粉丝的吸引力自然也就成倍增加了。

"江小白"的约酒游戏版块想粉丝之所想，提供了各种游戏功能，供粉丝娱乐。在这个版块中，粉丝不仅能够找到一些热门的线上虚拟游戏，还会惊喜地发现各类可以在线下面对面进行的趣味游戏。这样一来，粉丝就会在"江小白"社群上享受到浓郁的游戏趣味，体会到社群营造的甜蜜氛围。

图 3-22　"江小白"社群的约酒游戏

3.5.3 态度和服务要始终如一

对于社群而言，想要彻底除去身上的冷漠外衣，让粉丝感受到家的温馨和女朋友般的甜蜜，需要在态度和服务上始终保持统一，做到言出即行动，说到就做到，绝对不能说一套做一套，不然这种透支信任的"狼来了"的故事只会让社群在粉丝心中的形象一落千丈。那么对社群而言，怎样才能最大限度地保持态度和服务的始终如一呢？

态度好，服务要更好

如同人与人交流时，亲切的态度总能让对方感受到温暖一样，社群想要留给粉丝如沐春风的印象，好的态度是必不可少的。但粉丝加入到社群中毕竟带有一定的功利性，粉丝是为了享受服务而来的，所以好的态度还需要优质服务的"加持"，才能让粉丝在社群中有更加惬意的经历。所以，社群必须在服务上做足文章，尽全力为粉丝提供各种服务，在粉丝心目中树立起态度和服务双优的口碑形象。

"小米手机"作为一个产品型社群，在积极宣传推广小米手机产品的同时，还特别注重完善自身的服务态度和意识。在"小米手机"平台上，专门设有"自助服务"版块，粉丝在其中可以享受到"账号绑定""订单查询""售后网点""防伪查询"等服务，这些服务和小米手机"为发烧而生"

图 3-23 "小米手机"
为粉丝提供了完善的服务渠道

的理念态度结合，在粉丝心中留下了良好的印象，增添了社群的魅力，帮助社群快速树立起了极佳的口碑。

服务要做到粉丝的心坎里

对社群而言，服务不能仅仅处于"有"和"无"的水平，还应该提升至"贴心"和"不贴心"的水准。也就是说，社群想要给粉丝一个温暖的家，就必须将服务做到粉丝的心坎里，让粉丝真切地感受到被重视，享受到上帝般的待遇。这样一来，粉丝们才会真正将社群视为自己的"家"，继而全心全意地宣传社群。

"花粉社区"是众多华为手机粉丝的根据地，为了能够让自身的服务更贴近粉丝的内心，"花粉社区"经常会推出手机系统功能使用方面的小文章，为粉丝普及手机里的一些让生活更加轻松的小功能。正是这些贴心的服务，让"花粉社区"成了粉丝温暖的家，众多粉丝一有时间就会到这个"家"里转一转，享受温馨和甜蜜。

图 3-24　做到粉丝心坎里的小米服务

3.6 独一无二才有魅力

一个社群想要最大限度地吸引粉丝，让粉丝积极地加入进来，以社群为家，就必须要展示出自己独一无二的魅力。现阶段，各种社群充斥于人们的视野，同质化越来越严重，使得社群的面孔越来越相似，网友自然也就缺少进入的兴趣和动力了。而一旦某个社群展示出自己不同于其他社群的特色，就有了鹤立鸡群的资本，必然会最大限度地吸引网友的眼球，获得青睐。所以，对社群而言，独一无二才有魅力、才有未来。

3.6.1 给社群贴上一个独特的标签

在这个世界上，每个人都是独一无二的，所以世界才会精彩纷呈，让人难忘。我们可以假设一下，假如每个人都有着相同的个性，这个世界还会如此精彩吗？其实对社群而言也是如此，只有给你的社群贴上独特的标签，让它显得与众不同，才会吸引更多人的眼球，从而最大限度地扩大粉丝的数量，成为粉丝的第一选择。

图 3-25　"妳的"
定位为服务女性的社群

给社群一个清晰的定位

独特并不意味着特立独行、剑走偏锋，而是要有自己明确的、差异化的定位。

特别是在分工越来越细化的大背景下，给社群一个清晰而准确的定位，有助于保持社群的差异化特性，让社群看起来显得与众不同。这样一来，社群就能最大限度地吸引相关的目标人群，快速树立起口碑。

"妳的"是一家专门面向女性群体创建的社群，其"女性家园"的定位给自身贴上了一个清晰的标签——这里是女性的家园，女性在这里可以找到提升生活品质所需的东西。正是这种清晰、精准的定位，使得"妳的"在女性群体中的粉丝数量越来越多，名气越来越大，成为广大女性提升生活品质、营造幸福生活的社群第一选择。

专业，才会彰显与众不同

对社群而言，想要彰显自身的独特性，除了需要精准的定位之外，还需要在专业化上做文章。很多时候，社群越专业，对目标人群的吸引力就越大，越有参与性，越值得深入了解。所以，社群不妨在专业性上做文章，在内容和形式上做细做精，这样就会给粉丝留下一种独特的印象。

"关爱八卦成长协会"就在专业上做出了自己的特色。作为一个专门深挖明星趣闻八卦的社群，其专业性表现在了对八卦的深入评论和剖析上，而不是简单地为了八卦而八卦。这样一来，其在粉丝心目中就渐渐树立起了"八卦大师"的形象，让粉丝习惯于在其中寻找自己喜爱的明星的最新动态，正确地对待八卦，正确地对待明星的各种传闻。

图 3-26 "关爱八卦成长协会"
擅长"专业八卦"

高端，让社群更独特

社群在做好专业性的同时，也可以向高端化发展，让自己变身为社群中的"贵族"，为粉丝提供更高质量和更高层次的信息与服务。这样，相对于其他社群,高端化的社群就会在网友心中贴上独特的标签,变得与众不同起来。

一提起"正和岛"，很多人的第一印象就是高端、有实力，其能够提供精准的信息和强大的社交资源。这样的形象让其变得非常独特，成为粉丝心中向往的社群，很多人视能够加入"正和岛"社群为莫大的荣誉。

图 3-27　"正和岛"社群定位非常高端

3.6.2 个性化，不走寻常路

对一个社群而言，假如能够表现出充分的个性，不走别的社群都走过的老路，那么它也一定会在粉丝群体中快速提升人气，最大限度地吸引粉丝。

个性，让社群与众不同

人因为有了个性而被别人注目，社群也不例外。有个性的社群自会受到粉丝的追捧，其表现出来的与众不同，会成为强大的吸引点，让粉丝更容易被吸引。所以，在社群建设过程中，一定要将个性化作为打造活力型社群的重要方面认真对待，给社群贴上"个性"标签。

"中国好声音"致力于音乐方面的"推广"，将每期学员的生活、事业、情感等经历完全展示在粉丝面前，探求音乐和生活之间的关系，揭示音乐的独特魅力。这样一来，"中国好声音"就充分地展示出自身的"音乐"个性，以其深刻、真实、动人的特点深深地吸引了众多粉丝的关注和加入。

图 3-28　个性鲜明的"中国好声音"

不走寻常路，另类个性更吸引人

在移动互联网时代，信息处于一种"爆炸状态"，人们每天接收到的信息可谓海量，社群想要在海量的信息中被粉丝注意到，并能在第一时间走进粉丝的内心，依靠常规的引流方式和方法很难做到。社群只有不走寻常路，依靠另类个性展示出来的与众不同的方面，才能更好地做到这一点。

"关爱八卦成长协会"正是因为不走寻常路，才能成功吸引无数粉丝的关注。具体而言，"关爱八卦成长协会"所走的"不寻常路"是指其专注于很多社群忽视的明星八卦深入解读方面。对很多人而言，明星身上的光环无疑是非常耀眼的，在此基础上对明星八卦的解读虽然"另类"，但却能产生强大的"磁石效应"，"关爱八卦成长协会"也因此吸引了大批粉丝的关注，快速在众多社群中脱颖而出。

图 3-29 "关爱八卦成长协会"
处处透露着另类个性

3.6.3 要给粉丝提供其他社群没有的服务

"人无我有"不仅是商业成功的基本定理，也是社群成功引流的关键所在。对粉丝而言，加入一个社群带有很大的功利性和探奇性，也就是说，一个社群若能提供别的社群没有的服务，它就越能满足粉丝的需求，越能被粉丝所看重。所以对社群而言，要尽可能地给粉丝提供其他社群没有的服务，成为粉丝的唯一选择，如此才能始终在粉丝心目中占据第一位。

独有，才会被需要

当一个社群所提供的服务具有"唯一性"的时候，也就意味着这个社群在粉丝心目中是独有的，是第一选择，也是唯一选项。这样的社群之于粉丝而言已经由最初的"被选择"变为"不得不选择"，粉丝数量自然也就源源不断地增加了。

"正和岛"作为汇聚高端社交的社群，在商业高端人群中的影响力是非常大的。利用这一点，"正和岛"推出了独有的服务——官微推广，只要粉丝的企业和"正和岛"合作，就可以在其官微上进行精心的包装和推广，向高端商务人群展示自身企业的管理理念和成长潜力。这项服务一经推出，立即在广大粉丝群体中获得了巨大的反响，很多粉丝都在与"正和岛"的合作中收获了更多的关注度和影响力，这是在其他社群很难享受到的服务。

图 3-30 "正和岛"利用自身影响力推出独有产品

做粉丝的"贴身服务专家"

对社群而言，想要向粉丝提供其他社群不具备的服务，就要了解粉丝的需求，做粉丝的"贴身服务专家"，如此才能做到有针对性地提供专属服务，成为粉丝的第一选择。"关爱八卦成长协会"针对粉丝对"会长"以及其他管理人员好奇心强烈的现状，开发出了"好基友"系列服务功能，在这一系列功能中，粉丝可以倾听自己关心的某个管理层的语音，了解他们的八卦和最新动态。"关爱八卦成长协会"设置的这些贴近粉丝需求的服务功能，不仅令其塑造出了自己的个性，还成为吸粉利器，让社群得以不断地发展壮大。

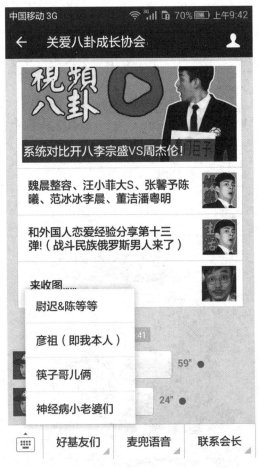

图 3-31 "关爱八卦成长协会"
"好基友"服务版块

第四章

推广：把你的社群告诉每个人

社群再好，假如不主动推广，依然用传统的"酒香不怕巷子深"的心态去管理社群，经营社群产品和服务，那么这个社群最终被粉丝熟知和追捧的概率就会变得很低。在"互联网+"时代，消费者已经从传统的功能消费转向个性消费，再加上各种社群数不胜数，使得消费者选择的余地大增。一个社群只有将自身产品和服务的个性特点第一时间告诉消费者，才能在消费者面前最大限度地提升曝光率，以期获得消费者的青睐。

基于此，社群必须学会推广自身，将自己包装得尽可能精美，让自身相关的信息在第一时间出现在消费者眼前，让与每个人都成为社群的粉丝。只有这样，社群才能快速地发展壮大起来。

4.1 群主，就是最吸引人气的"明星"

对一个社群来说，办得好不好、推广力度是大是小、方法是否巧妙，都要看群主具体如何操作。也就是说，群主是关系到社群推广效果的灵魂人物，特别是在"互联网＋"时代明星效应被无限放大的背景下，群主对于社群而言，本身就是一个推广利器——假如群主自身具有魅力，拥有娱乐明星般的"光环"，那么可想而知，其社群的影响力必定会大大增强。

4.1.1 自媒体时代，人人都是明星

随着时间的推移，我们步入了移动互联网时代。国际电信联盟最新发布的报告显示，全球互联网使用率持续稳定增长，2014 年全球互联网用户数量增长了 6.6％，其中，发展中国家增长了 8.7％，发达国家增长了 3.3％。全球互联网用户由一年前的 27 亿人增至 30 亿人。另外，移动互联网在欧美发达国家的普及率为 78％，在发展中国家为 32％。今后发展中国家将成为移动互联网发展的主要地区。

具体到中国，人手一机的时代已经渐渐到来，每个人和每部手机都会成为移动互联网产业不可忽视的渠道。在这样的大背景之下，随着微博、微信等平台的爆发，自媒体也就自然而然地诞生了——人人都能随时随地地接入互联网，通过微博、微信、QQ 等平台获得信息、发布消息，传统的信息篱笆将被彻底拆除。

自媒体，让每个人都有成为明星的可能

自媒体时代的到来，改变了以往人们只能单向接受信息却无法发布信息的尴尬，打通了人们融入互联网的通道。自媒体的迅速发展和壮大，使得每

个人都可以通过各种自媒体发布信息、展示自我。这样一来，就等同于每个人都有了一个专属"电视台"，个人通过包装和展示自己，成为明星的可能性相对就大大增加了。

艾艾建立了一个微信群，最初这个微信群名气很小，加入者寥寥无几。后来她想了一个办法，觉得自己可以通过微信朋友圈来推广自己的微信群。艾艾意识到虽然早期微信朋友圈中的人大部分都是自己的好友或是一起工作的同事，这些人都是自己最重要、最忠诚的粉丝，但是随着后期朋友圈越来越壮大，很多人对自己的认知其实还停留在最初级的阶段，并不真正地了解自己，贸然推广的话效果可能不会明显。于是，艾艾便做起了自己最擅长的事情，每天都在朋友圈晒自己的油画，或温馨、或淡然、或朦胧、或悠远……这些油画在朋友圈引起一场不小的"风波"，艾艾一下子变成了朋友圈有名的超人气"明星"，每天都有人找她购画或者学画。艾艾趁机在朋友圈推广微信群，并获得了巨大的成功，很多人都加入了她建立的微信群。

图 4-1　自媒体让个人更容易成为明星

自媒体操作简单，成本低，内容自由

也许有人会问，虽然自媒体让每个人都有了成为明星的"潜质"，但是假如掌握不了技巧，结果还不是"竹篮打水一场空"？其实这样的担心是完全没有必要的，相对于传统的电视、报纸、杂志等媒体而言，自媒体是一种低成本、平等的传播方式——在微信、微博、论坛上发布内容，不需要付出

多大的成本，也不需要任何部门的审批，操作起来非常方便。

　　另外，自媒体的内容很自由，用户想到什么就可以写什么，无须顾虑太多规则。正是基于这一点，自媒体相对于传统媒体更能真实展示出一个人鲜活的生活和工作状态，更易迅速传播个人观点和信息。而且自媒体内容精炼简短，更符合当下人们碎片化阅读的习惯，迎合了快生活节拍，是年轻人的主要阅读对象。所以，在自媒体上发声，更易成为别人关注的焦点，更有可能成为人们聚焦的"明星"。

4.1.2 创造成为明星的条件

　　既然自媒体时代的到来让每个人都有了成为自明星的机会，那是否意味着只要我们在微博、微信、论坛等平台上发表几条言论，就能变身明星呢？答案显然是否定的。一个人想要成为自媒体明星，并不是随便发表几条言论就可以实现的。想要在自媒体上成为明星，我们也需要像娱乐社交明星那样，善于创造一些条件，不断在公众面前展示自己、曝光自己。

在某个领域要具备有价值的能力

　　兵法上强调"谋定而后动"，意思是在行动之前要先定好方向、策略再去执行，这样才能最终战胜敌人。其实，想要成为自媒体明星，我们也需要提前制定方向、策略，而制定方向、策略的基础就是我们必须要在某个领域具备有价值的能力。简单地说，就是我们要在某一个领域拥有一项优势，然后将之发送至网络传播媒介。这样一来，我们就可以在此基础上制定方向、策略，获得成为自媒体明星的先机。

　　"爱手工"是一个新建立起来的社群，

图 4-2　展示自身具备的价值

为了能够快速推广社群，吸引更多粉丝加入，"爱手工"群主便有了将自己包装成微信朋友圈明星的想法。他利用自己在手工画方面的特长，定时在朋友圈晒作品。由于"爱手工"群主的作品精美，很快便成了大家眼中的明星，"爱手工"社群也因此在朋友圈中传播开来，吸引了很多人加入。

多互动，编织社交网络

社群群主在具备了某个领域的优势后，还需要为自己编织丰厚的社交网络，结交尽可能多的朋友，才能最大限度地成为自媒体明星。因为一旦和粉丝成为朋友，在利益之外还能获得情感上的支持，会让粉丝始终将群主视为明星，不会因为群主一时的失误而放弃社群。

群主想要做好互动，就必须认真回复别人的评论，让每个人都能从回复中看到你的真诚。当然，群主也可以多组织一些线下活动和聚会，在面对面的交谈中加深彼此之间的了解，建立起更加稳固、深厚的情感纽带。

图4-3 积极互动

多展示自己的生活

移动互联网时代，每个人都是舞台上的演员，只有认真地演出，才会获得观众的认可，用自己的行为赢得良好的形象，聚集超强的人气。而展示生活则是一项获得关注和人气的简单有效的行为，社群的群主可以多在微博、微信朋友圈、QQ空间中展示一下自己的生活和工作场景，特别是多分享一些富有生活气息的旅游、饮食的图片，展示自己生活中的点滴与收获，分享生活和工作中的经验与幸福。这样一来，群主就提升了在粉丝面前的曝光度，为自己成为自媒体明星创造了条件。

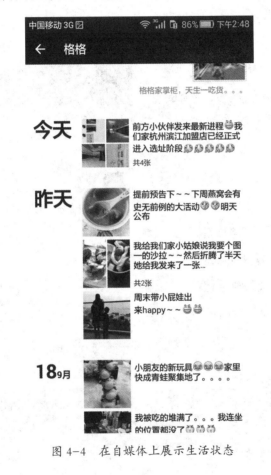

图4-4　在自媒体上展示生活状态

4.1.3 利用其他社群展示自己

社群群主不仅要成为自己社群的明星，还应该力争成为别的社群中的明星，这样，多个社群明星的光环相互叠加，才能有更多的粉丝认识你，加入你的社群。更重要的是，在别的社群展示自己，获得别人的信任，让更多的人对你的社群进行"信任背书"之后，你的社群才会得到更好的推广，获得更大的发展空间。

寻找和自身特长相关的社群

利用其他社群展示自己并不是无目的的胡乱展示，而是要找到那些和你自身特长有一定联系的社群来展示。因为在这样的社群中，当你展示出自己的特长后，更容易被社群中的成员认可和欣赏，这样，你在其他社群成为明星的概率也会大大增加。

王乐建立了一个娱乐社群，每天都和社群中的成员交流明星的生活和最新工作动态信息。社群建立伊始粉丝数量很少，社群的名气也不高，在发展上遇到瓶颈。后来王乐想到一个办法，他利用自己熟知各个明星经历和情感生活的优势，加入了"关爱八卦成长协会"在当地的 QQ 活动群，积极踊跃地发言，

图 4-5　"关爱八卦成长协会"
在各地都有 QQ 群

结交了很多兴趣相同的朋友。仅仅用了半年时间，王乐就成了"关爱八卦成长协会"在当地 QQ 社群中的明星人物。王乐利用自己的明星效应在社群中积极宣传自己的社群，以此大大提升了自己的社群的知名度，吸引了大量粉丝进驻。

长期展示，避免"三天打鱼，两天晒网"

在别的社群展示自身，想要被大家认可，成为其他社群的明星，是一个长期的过程，不太可能一蹴而就。所以，你的展示不管是生活上的还是工作上的，抑或是兴趣上的，都需要坚持下来，积极主动地发布信息，提出主题。假如进入一个社群，前几天有十分热度，很积极地宣传自己和社群，但是热度一过，就不再去展示了，那么结果可想而知，你在社群成员的眼中也就是

一个过客，并不会留下什么深刻的印象。

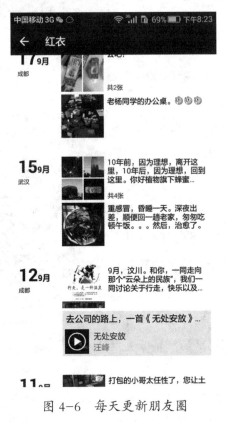

图 4-6　每天更新朋友圈

4.1.4 有个性的自明星才受人喜爱

在这个世界上，不存在两片完全相同的树叶，也没有两个完全相同的人，即使是孪生兄弟、同胞姐妹，在个性上也存在着差异。正是有了个性上的差异，这个世界才变得丰富多彩。对自明星而言，有自己的个性，才能彰显与众不同，继而更好地推广自己的社群。

那么为什么有个性的自明星才受人喜爱呢？社群群主又怎样才能成为一个有个性的自明星呢？

个性可以放大自明星身上的光环

为什么一个自明星必须要有个性呢？原因有二，一是现阶段自媒体太多，诞生的自明星数量也非常多，人们有了非常多的选择。在这样的大背景下，假如你没有个性，别人就不会关注你。二是在快节奏的生活中，每个人的时间都是有限的，而生活中需要人们花时间的事情非常多，假如你没有个性，别人就不可能将稀缺的时间资源浪费在你的身上。

图 4-7　个性放大自明星光环

释放真我，"舞"出个性

社群群主想要真正地展现出自己的个性，成为真正的自媒体明星，关键还在于释放真我。所谓"真我"，也就是我们最本真的一面、最真实的自己。在现实生活和工作中，出于某种需要，绝大多数人都会刻意伪装自己，将自己最真实的一面隐藏起来。于是，人们在个性上变得日趋统一，缺少了原本应该存在的棱角，变得千篇一律起来。在这样的大背景下，真我就和个性画上了等号，回归真我、展示真实的自己必定会在别人心中留下鲜明的个性印记。

"甜蜜小葡萄"为了让自己成为真正的自明星，每天都坚持在朋友圈展示自我——将生活中的点滴经历和感受真实地展示出

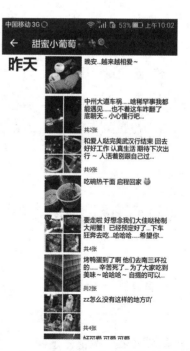

图 4-8　"甜蜜小葡萄"
在朋友圈展示自我

来，不娇柔、不做作。这种真实的内容和图片一经推出，立刻占领了朋友圈众人的眼球，因为这种直播生活的个性推送是每个人都喜欢看却又不是轻易能做出来的。正是这种个性化的展示，让"甜蜜小葡萄"成为朋友圈中当之无愧的明星，成为大家关注的第一对象。

个性绝不等同于离经叛道

虽然个性能让自明星更受关注、更耀眼，但是个性也不是无约束的，假如不顾及社会规则和伦理，使之如野马般在自媒体上乱闯，则会适得其反，让我们成为别人眼中的另类，甚至是"神经病"。如此一来，个性的展示不仅不会让你获得正面的关注，反而会将你拖入负面的评论中，使你的形象一落千丈。

图 4-9　充满正能量的个性展示

所以，在展示个性的时候，我们还需要坚持正能量，展示积极向上的一面，避免出现太多的负面个性。也就是说，我们的个性展示需要找准方向，并且适度，这样我们才会变得耀眼，让人难忘。

4.2 有价值的社群不用推

对社群而言，积极推广是吸引粉丝的重要方法，也能够让更多的人了解社群，喜欢社群。但是推广只是让一个社群"知名"起来的外因，想要让社群闻名四海，关键还是要看内因——价值。正如醇香的美酒被无数人喜欢一样，有价值的社群也会令无数粉丝起舞，我们可以想象一下，假如人们在一个社群中找不到任何有价值的东西，那么这个社群还会被人留恋吗？答案不言自明。人们加入社群都有着价值取向，或为娱乐、或为交友、或为第一手信息……能够提供这些价值的社群才会被人们重视，才会成为更多人的选择。

4.2.1 增加社群被利用的价值

对一个社群来说，被粉丝利用的价值越多、越大，在粉丝心中的地位越重要，就越会被粉丝放在首位。有道是"打铁还需自身硬"，想要让社群发展壮大，为越来越多的人所熟知和喜爱，就必须首先让这个社群具备某些方面的价值，让粉丝有钟情于它的理由和信心，如此，这个社群才会被需要，才会更好地融入粉丝的生活和工作中去。

那么，我们应该从哪些方面着手来增加社群被利用的价值呢？

确定服务人群

一个社群想要拥有被利用的价值，首先要确定的一点是自己要被谁利用。这一点非常重要，因为社群所具有的价值不可能满足所有的人群，只有确定自身所要服务的人群，有针对性地设置内容，提供目标人群所需要的服务，才能让社群在目标人群面前价值最大化，才能显著提升自身被利用的价值。

"美兮村"是一个面向女性的社群，它从创立伊始就将自身的价值定位于服务女性对精致生活需求的帮助。正是有了这种服务人群的定位，"美兮村"之后才推出各种适合女性的精致产品和服务，让广大女性在社群中能找到自己需

图 4-10　服务女性群体的"美兮村"社群

要的东西，有了拥抱更加精致生活的方向和动力。"美兮村"也凭借着自身在女性群体中丰富的被利用价值而成为女性社群中的佼佼者。

在功能精细化上做文章

很多人觉得一个有利用价值的社群必须要大，功能要全，这样才有发展前途。其实在当下这个细分化的社会中，社群在功能上做全不如做精，利用专一而又精致的功能，吸引高质量的群友。这样一来，即使社群人数相对一些大社群来说比较少，但是社群本身被利用的价值却变大了，因为群友质量比较高，他们对社群产品和服务的需求也相应地变大。

"美兮村"特别注意产品的精细化，它推送给女性群友的文章往往专注于提升女性魅力的某一方面，并进行详细的指导，力图使群友能够更加美丽地应对生活。比如其推送的"女性晚宴怎么打扮"一文（图 4-11），非常详尽地为女性群友讲解了晚宴打扮的各种魅力搭配方法（图 4-12），最大限度地提升了自己的被利用价值，因此深得女性群友的喜爱。

图 4-11 "美兮村"
推送的精细化信息

图 4-12 晚宴打扮搭配图

4.2.2 提高社群的附加值

社群除了提升自身针对目标人群的主要价值外，还需要丰富自身的附加价值，这样才能让加入社群的人收获"意外之喜"，对社群另眼相看。更重要的是，附加价值丰富的社群会获得良好的口碑，极易被群友"信任背书"，大力推荐给身边的亲朋好友。如此一来，群友成了自发的宣传者，社群的好名声就会迅速传播开来，成为更多人加入社群的首选。

给予老群友"特权"

给社群中的老群友一些相应的特权，是社群能够给予群友的最显著的附加值。当一个社群能够在某些方面给予老群友相应的特权时，这个社群在群友眼中就有了更大的加入价值，他们会为了获得这样额外的附加值而更加努力地"建设"社群，主动自发地宣传社群。

在小米论坛中，F 码是一种非常重要的附加价值。F 码的推出并不是为了营销，而是小米论坛让老用户能够在第一时间体验到小米的最新产品。小米手机自 2011 年发布之后就成了市场上的"爆品"，很多从 MIUI 开始就深深参与到其中的老群友居然也很难买到一部小米手机。为了解决这个问题，小米科技设计了"F 码"，也就是朋友邀请码。小米专门开发了后台系统，群友可以在这个系统领用 F 码，到小米网的电商平台优先购买小米产品。

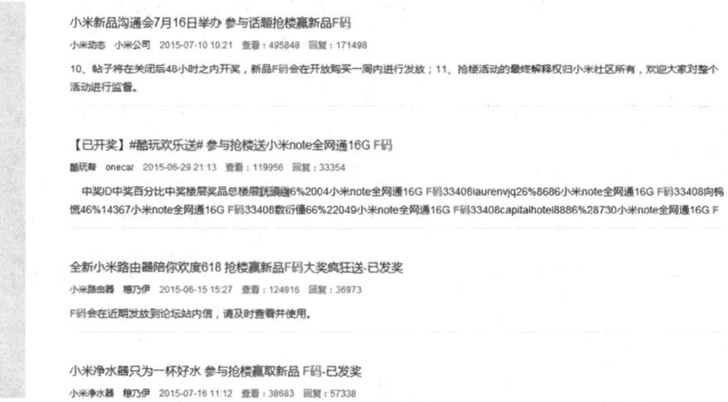

图 4-13　小米社区给予老粉丝特权

高端刊物

很多社群都会按时向成员推送相关的
消息，发送手机报等。这些产品似乎成了
社群的标配，也正因为如此，社群产品在
形态上有趋同化倾向，使得自身所能提供
的产品价值有所降低。假如社群能够在线
上推送的同时推出线下实体高端刊物，将
之免费赠送给群友，那么这种有别于其他
社群的高端附加值就会让社群总体价值大
大增强，让整个社群的形象更加鲜明，富
有魅力。当然，线下实体杂志在制作和发
行上难点比较多，社群也可以利用微信、
微博等自媒体推出电子版刊物，向群友免
费提供。

图 4-14 《创业邦》杂志官微

"创业邦"社群为了能够更好地服务
群成员，增加社群附加值，不仅创办了《创
业邦》杂志，而且还在微信上推出了《创业邦》杂志的电子版，方便群友订阅。
《创业邦》杂志的诞生，极大地提高了"创业邦"的创业附加价值，增加了
自身被社群成员利用的概率，极大地提升了成员对社群的忠诚度。

免费讲座和培训

对社群而言，依靠产品赢利是主要的生财之道，但是有时候，假如社群
能够组织一些免费的讲座或者特训，则会给成员营造出一种特别的"惊喜"，
最大限度地提升社群本身的附加价值，让成员更乐于参加社群活动，更积极
主动地向身边的人推荐社群。

"K友汇"作为一个努力为成员凝聚高端社交为主要定位的社群，为了
提升社群的附加价值，会时不时地举办一些免费讲座和特训活动。虽然这些

讲座和特训活动面向群成员免费开放，但是在质量上却不打折扣，常邀请重量级专家为成员答疑解惑，给他们指明前进的正确方向，助其扬起美好生活的风帆。

图 4-15　"k友汇"推出的免费特训活动

4.2.3 包装你的社群

一个社群的自身实力不断增强十分重要。在推广的时候，除了要依靠自身具备的价值之外，还需要掌握一定的包装技巧。正所谓"人靠衣装马靠鞍"，必要的包装可以让一个社群看起来更为"高大上"，在人们眼中更富有价值，更值得加入和推荐。所以对社群而言，适度的包装还是必不可少的。那么社群应该从哪些方面入手包装自身呢？

突出品牌的"高大上"

社群想要包装出良好的效果，品牌是不可忽视的一个方面。正如人们一提起手机就想到苹果、小米、华为，一提到汽车就想到宝马、奔驰一样，将品牌包装好，整个社群也会随之"高大上"起来。

"正和岛"建立伊始就注重品牌上的包装，力求将自身品牌和"高端社交"之间画上等号。为此，"正和岛"不管是在传统媒体宣传上还是在自媒体推送上，都将自身品牌定位于"高端社交社群"。再加上其相对高端的准入条件和强大的专家阵容，从而将"正和岛"品牌和高端社群之间画上等号，取得了良好的包装效果。

图 4-16 "高大上"的"正和岛"社群

用情感为社群添彩

乔布斯曾说："我们正处于技术和人文的交叉点。"功能属性虽然是社群的必备属性，但是情感属性则是一个优秀社群的"标配"。当我们心甘情愿地为苹果手机更高的价格买单时，并非因为它的功能比其他手机更多、更好，而是因为其拥有更出色的设计体现出来的美感，让我们从中收获了更多的情感体验。所以，一个社群也应该在情感上包装自己，力求让自身彰显出一定的情感关怀，以期在情感上拉近自己和成员之间的距离。

"妳的"社群在推广包装的时候很注重自身对女性情感的关注，努力发掘女性的情感"矿藏"，满足女性的情感需求。正是对社群情感上的出色包装，使得"妳的"在诸多面向女性的社群中能脱颖而出，成为众多女性参与社群的第一选择。

图 4-17　"妳的"
社群处处充满了真情实感

适当运用噱头来包装社群

社群可以在宣传产品和服务、定位自身优势时多运用一些夸张的语言，以此激发人们的好奇心和探求欲望，继而主动加入到社群中一探究竟。当然，噱头不等于言过其实，更不同于欺骗，它必须是在事实基础上的夸大，最终目的是为了营造一种吸睛效果。

4.3 内容比广告更有效

对社群而言，内容是必不可少的，也是必须重视的。特别是社群在推广的过程中，内容的丰富程度和价值的高低直接影响着推广的最终效果。现阶段，很多社群在推广的时候偏重所谓的技巧，忽视了社群内容上的建设，比如在传统媒体和自媒体上进行密集的广告轰炸，这种方法虽然能够获得用户暂时的青睐，但是假如社群自身内容跟不上，那么用户最终还是会带着失望的情绪离开。所以在社群推广的过程中，必须在内容上做好准备，丰富而有价值的内容远比广告更有推广效果。

4.3.1 为粉丝提供有价值的信息

社群想要在内容上做好文章，凸显自身的"高大上"，那么提供给粉丝的内容就必须有价值，能够让粉丝在这些内容中得到有用的信息，继而运用到生活和工作中去，作为提升生活品质和促成工作成果的"养料"。

那么，社群可以为粉丝提供哪些有价值的信息呢？

切中粉丝的痛点

标题要引人注目，内容要一针见血，切中粉丝的痛点，提供粉丝最需要的信息，能够及时帮助到粉丝，让他们在生活和工作中用到、享受到，这样的内容对粉丝而言价值才是最大的。我们可以想象，当我们看一篇文章的时候，虽然文章字数很多，但是整篇看下来却没发现什么可以利用的信息，通篇不痛不痒的，这时我们是不是觉得特别乏味？

作为一个女性社群，"妳的"在内容上往往都会直指女性的痛点，诸如身材变型、容貌衰老、生活质量下降等。在社群文章中，"妳的"有针对性地推出相应的解决方法，推荐更为高端、健康的生活方式，帮助女性最大限度地追

图 4-18　切中粉丝痛点的内容

求美，拥抱高质量的生活方式。正是因为"妳的"在内容上能切中粉丝的痛点，所以受到女性粉丝的喜爱，自创立伊始，就成为女性探索美的聚集地。

在精细上做文章，讲方法而不是泛泛而谈

对一个社群而言，想要在内容上体现出价值，就必须在精细上下功夫，而不是仅仅为了凑字数泛泛而谈。最有价值的内容往往是告诉人们应该怎么做，想要实现目标需要采取什么样的方法。这样，社群内的文章和帖子才更具实用性，更易获得粉丝的青睐，让大家都喜欢读。

"妳的"社群内的文章多注重方法上的探究，每次所提出的主题下面必定会罗列出真实可行的实施方法，帮助女性思考怎样才能让自己变得更好，让生活变得更加精致。比如其《如何成为一枚潇洒的女子》一文，在内容中就非常精细、清晰地讲出了实现这一目标的方法，让人看了之后有了很深的感悟，并能将这些方法应用于日常生活中，提升自己的生活幸福感。

图 4-19 "妳的"讲方法的内容

4.3.2 炖个鸡汤，给粉丝补一补

其实社群内容除了可以向粉丝提供有价值的信息之外，还可以变身为"心灵鸡汤"，滋补粉丝的心灵，给粉丝的内心补充正能量。当一个社群能够在产品和服务之外，在精神上给予粉丝"营养"补充时，这个社群就会拉近自身和粉丝心灵上的距离，成为粉丝的心灵家园，使得他们对社群更加亲近，

更乐于向身边的人推广社群，分享精神上的愉悦。

探索更好生活的方法

现代社会，人们的生活节奏越来越快，每个人似乎都被一个"快"字所绑架，每天都在奔波中喘息，忙忙碌碌，往往忽视了品味生活。很多人慢慢发现生活变得淡而无味了，没有任何的激情，也没有丝毫的滋味，就如同一杯白开水，每天重复地喝，却在心湖中激不起任何的涟漪。

"江小白"正是看到了这一点，于是在其微信公众号上开始向粉丝们推送一些探索如何才能生活得更好的文章。这些文章往往能够一针见血地揭露人们生活毫无激情的原因，起到振聋发聩的效果。比如其推送的一篇名为《给自己一些喘息》的小品文，图文并茂，富有哲理，告诉粉丝要学会享受慢生活，才能品味出生活的幸福。这样的文章给粉丝很大的心灵启迪，让粉丝对生活有了更深刻的认知，也更喜欢"江小白"了。

图 4-20　让人更好生活的内容

做粉丝情感上的密友

社群除了可以帮助粉丝了解更好的生活方式，推荐简单可行的方法外，还可以在情感上做粉丝的密友，帮助粉丝克服情感上的困扰，营造良好的情感环境。人是情感动物，最容易被情感所打动，也容易为情感所困扰。当社群能够在情感方面为粉丝排忧解惑时，社群也就成为粉丝心目中的情感家园，并有了更加重要的地位。

"江小白"很善于做粉丝情感上的密友，其经常向粉丝推送情感关怀文章。比如其在《七夕，你为什么不告白》一文中，就图文并茂地分析了人们不善于告白的原因，将话讲到了粉丝的心坎上，继而获得粉丝的共鸣，大家都积极地在文章下面留言评论，谈论自己的感受，表达自己的看法。

图 4-21 "江小白"充满情感的文章　　　　图 4-22 文章引发了广泛的共鸣

做粉丝成功路上的指路人

用怎样的态度去工作，用怎样的心态去奋斗，一直是众人在心里一次又一次问自己的问题。每个人都希望自己能够走上成功之路，但希望是美好的，实现起来却往往会遇到各种各样的问题。假如社群能够在这方面给予人们心灵上的指导，无疑会彰显出巨大的能量，在粉丝心目中树立起更好的口碑。

"江小白"在为粉丝煲心灵鸡汤时，就很注重挖掘人们成功之路上的"障碍"，并一一将之展示在粉丝面前，用以警示粉丝，提醒他们需要不断清扫心灵上的尘埃。比如其向粉丝推送的《敷衍》一文，就为粉丝深刻地揭示出了成功之路上的态度问题——敷衍，让粉丝从中受益良多，也认识到了自身存在的诸多不足。

图 4-23　"江小白"推送的文章

4.3.3 幽默一下，让粉丝笑一笑

对粉丝而言，社群除了能够提供有价值的内容之外，还应该是一个娱乐的场所。人人都喜欢快乐，也不会拒绝幽默。假如一个社群能够在产品与服务之外带来娱乐，特别是在文章内容上富有幽默气息，让粉丝在阅读的同时体验到愉悦，那么社群在粉丝眼中就会富有个性，变得与众不同起来。

社群需要怎样在内容上营造出一种幽默的气氛呢？

让文章标题展示幽默气息

对一篇文章而言，标题好就意味着成功了一半。假如一篇文章能够在标题上营造出一种幽默气氛，那么在粉丝眼中，整篇文章也会带有相应的幽默气息。

"疯蜜"作为一个面向女性的社群，其文章内容除了清晰而精致的生活小文外，还有很多幽默气息浓厚的文章，这些文章为社群营造出了很强的欢快气息，在很大程度上吸引了更多女性粉丝的加入。"疯蜜"的幽默主要表现为"标题幽默"，这些文章标题或俏皮或夸张，令人看了之后在心里瞬间滋生出快乐的情愫。

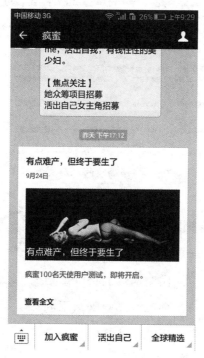

图 4-24　富有幽默气息的文章标题

在内容上不妨偶尔幽默搞怪一次

对社群而言，严谨的内容有助于提升内容的真实性，赢得粉丝的信任。但是一个社群在内容上仅有严谨是不够的，人们看得多了便会生出一种枯燥乏味的感觉。所以，社群不妨在内容上也偶尔发一些幽默的文章，还可以鼓励粉丝多发布一些幽默气息浓郁的帖子，共同营造浓郁的幽默气息，让大家都能在社群中找到笑料。

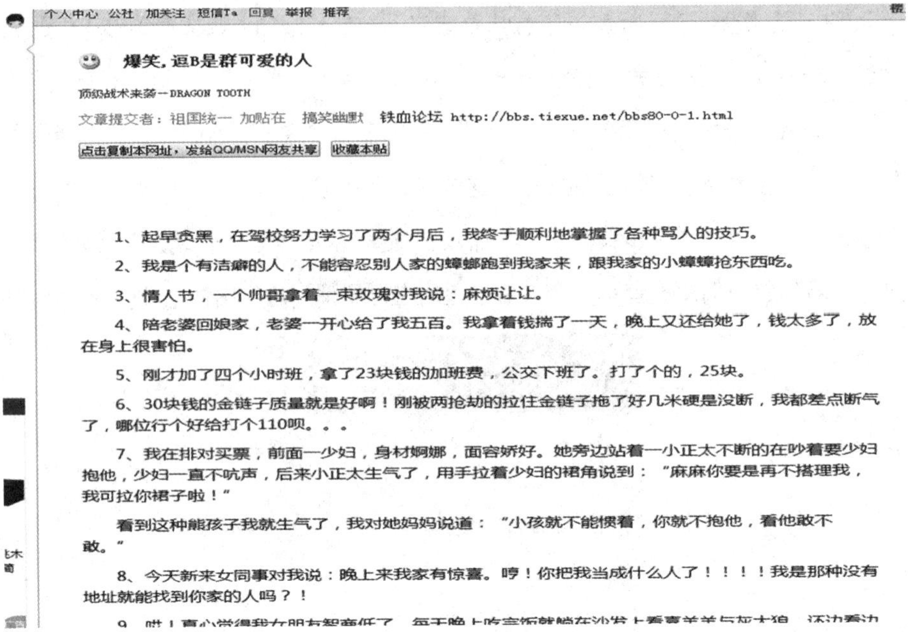

个人中心 公社 加关注 短信Ta 回复 举报 推荐

爆笑，逗B是群可爱的人

顶级战术来袭--DRAGON TOOTH

文章提交者：祖国统一 加贴在 搞笑幽默 铁血论坛 http://bbs.tiexue.net/bbs80-0-1.html

点击复制本网址，发给QQ/MSN网友共享 收藏本贴

1、起早贪黑，在驾校努力学习了两个月后，我终于顺利地掌握了各种骂人的技巧。

2、我是个有洁癖的人，不能容忍别人家的蟑螂跑到我家来，跟我家的小蟑螂抢东西吃。

3、情人节，一个帅哥拿着一束玫瑰对我说：麻烦让让。

4、陪老婆回娘家，老婆一开心给了我五百。我拿着钱揣了一天，晚上又还给她了，钱太多了，放在身上很害怕。

5、刚才加了四个小时班，拿了23块钱的加班费，公交下班了。打了个的，25块。

6、30块钱的金链子质量就是好啊！刚被两抢劫的拉住金链子拖了好几米硬是没断，我都差点断气了，哪位行个好给打个110呗。。。

7、我在排对买票，前面一少妇，身材婀娜，面容娇好。她旁边站着一小正太不断的在吵着要少妇抱他，少妇一直不吭声，后来小正太生气了，用手拉着少妇的裙角说到：“麻麻你要是再不搭理我，我可拉你裙子啦！”

看到这种熊孩子我就生气了，我对她妈妈说道：“小孩就不能惯着，你就不抱他，看他敢不敢。”

8、今天新来女同事对我说：晚上来我家有惊喜。哼！你把我当成什么人了！！！！我是那种没有地址就能找到你家的人吗？！

图 4-25 搞怪幽默的社群文章内容

运用更适合营造幽默气息的语音

相对于文章，语音更适合表达幽默，而且从传达的形式上来看，人们对语音的接受度要高于文字。所以，社群在营造推广幽默氛围的时候，不妨多利用语音的形式，让其成为幽默的载体，更好地向粉丝传递幽默。

“罗辑思维”在向粉丝推送信息的时候，创新性地使用了语音形式，每天在固定的时间发送语音信息。因为其语调幽默、内容愉悦点多、新颖有趣，所以深得粉丝的喜爱，甚至有些粉丝已经将倾听“罗辑思维”当成了每天的一种消遣方式。这样一来，“罗辑思维”也就快速

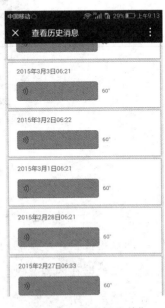

图 4-26 “罗辑思维”采用语音形式阐释幽默

地在粉丝心中树立起了良好的口碑，以其价值性和娱乐性，成为粉丝生活中不可或缺的一部分。

4.4 有礼，才有分享

在社群推广过程中，奖品、赠品等"礼物"是绝对不能缺席的"利器"。对粉丝而言，免费总是有着莫名的吸引力，不用花一分钱就可以得到一份小礼物，甚至是自己梦寐以求的大礼，这种诱惑和惊喜对粉丝而言绝对是一种莫大的吸引。所以，社群不妨多推出一些分享有礼、评论有奖的活动，用礼品"鼓励"粉丝转发和分享，最终让更多人认识社群、了解社群，进而喜欢上社群。

4.4.1 人人都是分享者

在移动互联网时代，以往人们和信息之间的诸多篱笆都被拆除了，人们不再是被动的信息接收者，在有选择性地接收信息的同时，还可以对外发送自己想要发送的信息。也就是说，以前单向的信息传播在移动互联网时代逐渐被"扩宽"成了双向通道，这使得人和信息的关系变得更加紧密，人人都可以成为某种信息的接收者，也能将这一信息发布出去，成为信息的分享者。

自媒体让分享更加简单

移动互联网的快速发展使得我们手上的移动设备既是相机，也是我们的分享工具，可以帮助我们在很短的时间内将我们想要分享的信息传播出去。特别是随着各种自媒体的兴起，我们可以非常便利地接入到互联网中发布信息，所以其实现在人人皆媒体。在现代社会，每个人都有媒体的自主权，每个人都有粉丝，每个人都有社交圈，每个人都可以将自己想要分享的信息快速传播到自己的圈子里。

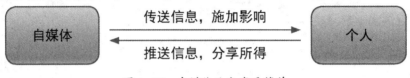

图 4-27　自媒体让分享更简单

让社群具备分享的价值

既然自媒体的出现让人人都拥有了分享的权利，那么社群怎样才能让粉丝积极主动地使用这个权利和更多的人分享呢？想要让粉丝积极地向别人推荐你的社群，和更多的人来分享你的社群信息，最重要的一点就是你的社群必须要有相应的价值、有被分享的理由。比如你的社群可以帮助人们解决一些问题，为人们提升生活品质或者工作效率，或者带给人们精神上的愉悦，让人们能够在社群中开怀大笑，忘记所有的烦恼……这样粉丝才会有主动分享的意愿。

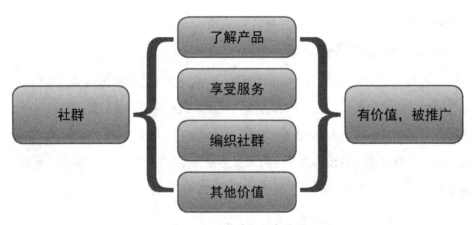

图 4-28　社群的分享价值

除了价值，人们也喜欢分享个性

对社群来说，除了要具有必要的价值之外，还需要有自己的个性。特别是如今的移动互联时代，人们对个性的关注甚至已经超过了对价值的关注。假如社群能够在价值之外再树立起个性的大旗，那么粉丝无疑会在个性的吸

引下更为积极主动地同身边的亲友们分享。

4.4.2 不送礼，无分享

很多社群都苦恼于如何扩大知名度，让粉丝更加积极地变身"推销员"，让更多人知道社群、了解社群，最终喜欢上社群。其实，只要社群善于利用礼物刺激粉丝分享的神经，解决这个问题其实并不难。那么，在社群推广的过程中，怎样才能更好地利用礼物促使粉丝更积极地和亲朋好友分享呢？

分享之后才能打开礼物

礼物无疑是促使粉丝积极分享的"催化剂"，但是很多社群在推广的时候可能会存在这样的顾虑：假如给了粉丝礼物，对方却不分享怎么办？其实社群可以在设计分享的时候，送给粉丝一个礼盒，这个礼盒是没打开的，需要粉丝分享后由好友帮你打开，也就是通过群或者朋友圈中的人帮助打开，粉丝才能最终获得礼物。这样一来，粉丝的分享也就有了结果，而且整个分享过程有诱因、有动力，这种分享自然也就可以最大限度地扩散社群活动，为社群快速地树立起口碑。

"中国好声音"就非常善于利用礼品分享的方式推广自身，其开展的"中国好声音派大礼"活动需要粉丝分享才能打开礼品盒（图4–29）。粉丝点击"马上分享"之后，页面就会跳转到分享页（图4–30），粉丝可以按照提示点击右上角，选择想要分享的对象，让分享对象帮助自己将礼盒打开。这种方法不仅有神秘感、有诱惑性，而且还富有游戏性，让粉丝更乐于分享。

转发抽奖，让分享更迅捷

在一些具备转发功能平台上建立起来的社群，可以利用转发功能快速推广自身产品和服务，树立良好的口碑。当一个人转发社群的某个"转发有礼"活动之后，这个人所有的粉丝都会看到，产生"由一而百"的传播推广效果，这就等于为社群带来了更多的曝光机会。转发的人越多，社群被曝光和推广

图 4-29 "中国好声音"
分享领礼盒活动

图 4-30 礼盒必须由好友才能打开

的次数就会呈数量级增加，其产生的宣传效果将是巨大的。

　　小米 4C 手机上市，小米科技的多个社群都推出了转发有礼活动。在小米之家，转发微博可以获赠体重秤，这个礼物对锻炼狂人和爱美人士的吸引力还是很强大的，所以微博被粉丝广泛转载，使得更多人加入到这项活动中

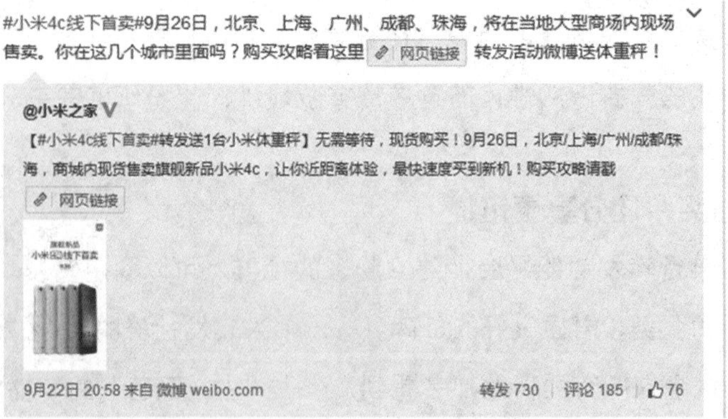

#小米4c线下首卖#9月26日，北京、上海、广州、成都、珠海，将在当地大型商场内现场售卖。你在这几个城市里面吗？购买攻略看这里 🔗网页链接 转发活动微博送体重秤！

@小米之家 V
【#小米4c线下首卖#转发送1台小米体重秤】无需等待，现货购买！9月26日，北京/上海/广州/成都/珠海，商城内现货售卖旗舰新品小米4c，让你近距离体验，最快速度买到新机！购买攻略请戳

🔗网页链接

潮新品
小米4c线下首卖

9月22日 20:58 来自 微博 weibo.com　　　　转发 730 ｜ 评论 185 ｜👍76

图 4-31 "小米手机"转发有奖活动

来，极大地提升了社群的知名度和产品信息的传播范围。

评论有礼，让粉丝口口相传

也许很多人觉得评论并不是一种分享，觉得它的存在只能在一定程度上提升文章和帖子的影响力。其实不然，假如一个帖子评论者众多，便会吸引更多人的注意，带动人们在现实世界中口口相传，分享这篇文章或者帖子所带来的价值和乐趣。这样一来，评论也就变成了分享，让社群之名在现实世界中广泛传播。

临近中秋佳节，"江小白"面向粉丝开展了一系列评论有奖活动（图4-32），粉丝评论入选之后，就会获得"江小白"系列白酒一瓶。在奖品的刺激下，再加上其话题设置合理，吸引了众多粉丝积极参与（图4-33），评论区留下了很多真知灼见，极大地提升了话题的品质，带动了更多人参与进来，分享自身的理解和感悟。

图 4-32　"江小白"评论有奖活动

图 4-33　评论有奖活动引发大家积极参与

4.5 让网络大 V 帮你做推广

大家在玩微信的时候会发现这样一种有趣的现象：名人的微信每一条内容下的评论都数不胜数，点赞的人数也让人叹为观止，总之给人留下的第一印象就是人气爆棚。其实这种现象不仅仅存在于微信中，在微博、QQ 空间、社区论坛上同样也存在——一些人气明星总是拥有足够的话语权，说出来的每一句话都能够获得粉丝的热切关注。再加上这些网络大 V 都拥有着庞大的粉丝数，所以对社群推广而言，假如能够得到这些人的"信任背书"，让他们帮助你推广社群，那么效果无疑会更好。

也许很多社群管理者会说："道理谁都懂，但说起来容易做起来难，怎样才能让那些网络大 V 帮助我推广社群呢？"其实只要发现方法、找到窍门，让那些网络大 V 帮助我们推广社群，并不是什么困难的事情。

那么具体而言，你需要从哪些方面入手呢？

做一个评论和点赞"狂人"

想要让网络大 V 帮助你推广社群，最好的一个方法就是多和这些大 V 进行互动。利益是互惠的，想要别人参与到你的社群内容中，评论你的产品，为你点赞，首先你需要积极地评论别人的网络内容，不时地为别人点赞。当别人看到你的评论时，他们自然也会关注你发布的内容，在你的社群文章或帖子下留下观点；看到你的点赞记录，也会"投桃报李"，点赞你发布的内容。也就是说，你评论的内容越多、越中肯，点赞的越多，那么你能换来的评论也会越多，别人点赞的概率也会越大。这一点对那些网络大 V 同样适用，只要你保持足够的耐心和这些大 V 进行互动，多评论和点赞对方，那么获得对方评论和点赞的机会自然会大增。

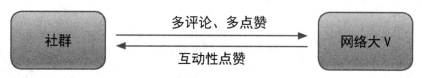

图 4-34　用评论和点赞吸引大 V 关注

和网络大 V 建立合作关系

除了多在网络上和大 V 进行互动之外，社群还可以和这些大 V 建立一定的合作关系，让他们主动帮助社群进行宣传和推广。比如社群可以和大 V 形成推广联盟——网络大 V 可以免费使用社群产品和享受社群服务，而大 V 则利用自己庞大的粉丝基数和话语权推广社群。这样一来，彼此双方就形成了一种双赢互利的关系。当然，社群也可以付费邀请网络大 V 做代言人，利用其影响力宣传社群，提升社群的知名度。

第五章

策略：营销的正确姿势，你"GET"了吗？

社群营销并不是"勇往直前"就可以见效的，很多时候空有愿望和热情，最终却可能得到一个比较差的结果。想要做好社群，打出自己的声望，快速树立起口碑，赢得粉丝的信赖，精巧的策略是必不可少的。有时候策略用得好，能起到"四两拨千斤"的功效，让社群变得越来越具活力。

5.1 话题营销：有话题才有人气

话题营销，顾名思义，是指发起热门话题，集聚大量人气，最终带动产品和服务销售，树立起企业口碑的营销策略。其实对社群而言，话题营销更简单易行，能够快速吸引粉丝的关注，集聚起超高人气。人气上来了，社群相应的产品和服务自然就会获得更高的曝光度，也更容易被粉丝接受。

5.1.1 主动发起话题

对社群而言，能够制造出好的产品和服务固然重要，但是在制造高品质产品的同时，也需要不断地制造话题，用话题来为社群和产品提升人气，继而快速提升魅力，树立正面形象，建立起社群和粉丝之间的相互信任关系，为社群品牌和产品尽快在大众心目中树立良好的口碑打下坚实的舆论基础。

所以在选择营销策略时，社群不妨先从话题营销入手，让自身具备制造话题的意识，要善于在话题中阐释自身经营理念，宣传产品性能和个性特点，引导粉丝参与的热情，使之积极主动地发起相应的话题。

那么，社群在制造话题的时候具体要从哪些方面做起，又需要注意一些什么问题呢？

围绕产品质量制造话题

正所谓打铁还需自身硬，在社群的经营和发展过程中，想要营造良好的口碑，吸引更多的粉丝加入，必须持续不断地制造"产品质量优良话题"。这个话题不应局限于文字或者口头上空喊几声，它应该上升为一种社群管理理念，让粉丝真实地感受到、体验到。

在宜家卖场，经常听到销售员这样说："您可以拉开抽屉、打开柜门，在地上走一走。"宜家很巧妙地将"产品质量优良"这个话题贯穿于体验式营销中，鼓励消费者免费试用产品，承诺无条件退换，对产品进行破坏性试验等。宜家还在其官方微信上宣布自 2015 年 9 月 1 日起仅出售 LED 灯具，极大地提升了自身产品的节能环保色彩，吸引了大批微信粉丝关注。这些高品质产品和服务的推出，使得宜家在消费者群体中制造了一个又一个"宜家产品质量过硬"的话题，加深了消费者对产品质量的认可，得到了消费者的信任和肯定，为自己赢得了良好的形象和口碑。

图 5-1　宜家围绕产品质量制造话题

保持话题持续更新

社群制造的话题，需要不断地更新，保持新鲜感，才能最大限度地吸引消费者的注意，激发消费者参与话题的积极性。社群管理者要明白话题的含义及其诞生条件，只有搞清楚一些话题达不到预期宣传效果的原因，才能有针对性地加以修正，让话题越来越有创意和有新鲜感，这样，话题才能对消费者保持强大的吸引力。

著名餐饮企业肯德基就是在社群保持话题持续更新的行家，其善于将新产品的优惠同上一代产品的加工方法进行对比，在比较中让消费者意识到两代产品孰优孰劣，继而发起话题，引导话题的流向。肯德基的高明之处，就是用新产品去制造话题，然后用这些制造出来的话题去引导舆论，让消费者积极参与进来。这样，每种产品的推出都意味着诞生了一个新的话题，并在消费者群体中快速传播，极大地提升了肯德基在消费者群体中的口碑。

图 5-2　肯德基一直保持着话题的持续更新

有争议性的话题更容易"火起来"

有争议的话题往往会引发双方甚至是几方"舌战"，营造出一种激烈讨论的氛围。因此，对社群而言，在制造话题的时候，不妨设置一些争议性比较大的话题，这样的话题会在粉丝群体中引发争议，无限地扩大话题的影响力，继而更大范围地提升社群的影响力。

"中国好声音"就非常善于制造一些有争议的话题，几乎每轮节目播出后，微博、微信等自媒体上都会立即出现一些存在争议性的内容，比如选手的身份、排名、出身等。而在"中国好声音"的官微上，也会定期推出一些话题，吸引粉丝讨论甚至是争论，继而达到提升人气和影响力的目的。

图 5-3 "中国好声音"发布的争议话题

制造以用户为中心的品牌话题

社群必须意识到，话题营销必须要以客户为中心，把握客户的需求。一个社群想要用制造出来的话题博得粉丝的青睐，让粉丝积极参与进来，就必须坚持"以粉丝为中心"这一原则，并从触动粉丝内心的评判标准出发展开推广活动。也就是说，社群推出或者发起的话题，必须根植于粉丝内心的评判标准，密切围绕着粉丝固有的价值观和消费观，有的放矢地为品牌总结出核心价值和竞争力诉求，这样才能最大限度地打动粉丝，获得粉丝的认可，继而让粉丝积极主动地参与话题，向周围的人推广社群的产品和服务。

5.1.2 利用粉丝帮你发起话题

很多时候大家都有这样的体会，我们自夸十句，不如别人赞美一句。其实在话题设置方面，同样也存在着这样的现象，粉丝发起来的话题不仅避免了我们自夸的嫌疑，而且还因其客观性，更容易吸引更多的人参与到话题中来。所以，在设置话题的时候，除了自己设置外，社群不妨让粉丝多发起话题。那么，社群怎样才能让粉丝积极主动地发起话题呢？

做好产品和服务，粉丝自然就会夸奖

对于社群而言，产品的品质仅仅依靠自夸和媒体的宣传，往往还是苍白无力的。正所谓眼见为实，相对于听到的，消费者往往相信自己亲眼看到和感受到的。所以社群可以利用这一点，在产品品质和服务上做好文章，让粉丝眼见为实，给予粉丝良好的消费体验，这样一来，社群和其产品品牌在粉丝心中的形象才会变得高大化，粉丝才会积极主动地发起相关话题，替社群进行"信任背书"。

图 5-4　质量过硬的小米包装盒

小米公司有一对员工组合——"盒子兄弟"，在广大米粉中有着极高的人气，深受大众的喜爱。其实说起来，"盒子兄弟"之所以红火起来，完全是托了小米包装盒质量过硬的福。小米手机包装盒诞生之后，小米公司的一位体型较胖的员工站在盒子上，盒子居然没被"蹂躏"坏。对这样的结果，很多人都不相信，于是便亲自试验，站在小米包装上，甚至还拿了其他手机品牌的包装盒一起做试验，结果只有小米手机的盒子挺了过来。"盒子兄弟"的成名作品是双人叠罗汉站在小米手机2代包装盒上，当这两人站在小米包装盒上叠罗汉的照片展现在大家眼前时，立即引起了一片惊叹，继而就是铺天盖地的各种网络PS照片，这让兄弟两人彻底火了起来。小米公司希望通过这种方式告诉广大用户：小米产品的品质是非常优异的，即使是一个看似普通的包装盒，也"性能"优异、出类拔萃。

用奖品鼓励粉丝发起话题

俗说话"无利不起早"，要想让粉丝主动积极地发起相关话题，社群除了要积极提升自身品质外，还需要给粉丝一些额外的奖励激励，才能增强粉丝发起话题的意愿。所以，社群可以多开展一些有奖活动，用奖品、礼物等刺激粉丝发起话题，助推社群产品和服务的全面推广，帮助社群更快速地传递信息，树立起良好的口碑。

在米柚论坛，有一个"极客秀"栏目，粉丝可以通过这个窗口免费试用小米公司的很多新产品，体验向往已久的众多炫目功能。在体验之后，粉丝都会在米柚论坛中发布一则体验报告，将自己的使用感受真实地呈现出来，影响更多人对小米的观感，让更多人深入了解小米产品的功能。通过这样的"奖品"，米柚论坛成功点燃了粉丝发起话题的积极性，为小米产品树立起良好的口碑。

图 5-5 "米柚"用奖品鼓励粉丝发起话题

5.2 故事营销：说个故事吸一圈粉儿

故事营销是指在产品和服务相对成熟的阶段，在品牌塑造时采用故事的形式注入情感，从而增加品牌的核心文化，并在产品营销的过程当中，通过释放品牌的核心情感能量，辅以产品的功能性、概念性需求，进而打动消费者的心灵，从而保持产品在稳定上升的过程中有爆发性的增长。因此，社群可以采用讲故事的方式，增加自身品牌的吸引力，达到吸引粉丝、提升自身产品和服务价值的最终营销目的。人人都爱听故事，成年人也不例外。当企业和商家的品牌融入了故事元素后，其品牌就有了丰富的可读性，就有了别样的文化蕴含。这样的品牌更容易让消费者想起其背后的故事，并"爱屋及乌"，对品牌印象更加深刻，产生情感上的信任，强化消费者对品牌的忠诚度。

故事要简单

对社群而言，用故事吸引粉丝，并不是说所讲述的故事越长就越有吸引力。很多时候，一个简单的故事，只要情节上有魅力，情感细节上有吸引力，那么它就更富有吸引力。相反，长篇冗余的故事往往会让人失去继续看下去的兴趣，不仅达不到最初设定的营销目的，反而会产生负面效果，弱化营销作用。

"中国好声音"善于在自己的官言微信、官方微博上讲述每期学员身上发生的故事，这些故事或励志、或温馨、或催人泪下……但是毫无例外，它们所占的篇幅都不多，都很简单，没有长篇大论的冗余感。这样既保持了故事的可读性，又保持了情节上的趣味性，从而最大化地发挥了故事营销的情感性，吸引更多的人参与进去。

图 5-6 "中国好声音"简述选手故事

真实才更动人

对社群而言，想要让故事感人，最大限度地吸引粉丝、提升人气，那么这个故事就必须是真实的。因为真实的故事源自真实的生活，它能够最大限度地引起粉丝的共鸣，能够最大限度地激发粉丝的情感因子，甚至给粉丝留下终生难忘的烙印。所以，社群在讲述故事的时候，必须坚持真实，用真实来打动人心，如此才能最大限度地提升人气，快速树立起社群的口碑。

"中国好声音"在讲述学员故事时，坚持的一个原则就是必须真实，立足于学员们的生活成长实际，揭示他们在追梦之路上的成长轨迹，展示他们执着的精神，为粉丝奉献精神上的励志大餐。正是因为这些真实感人的故事，使得"中国好声音"获得了众多粉丝的关注，令其快速成长为中国最受观众期待的社群之一。

"青花瓷女孩"马吟吟：正在长大的爵士名伶

2015-09-28 中国好声音

作为一名声音和面容都属于"高颜值"的美女，来自昆明的马吟吟其实是一名不折不扣的"理科学霸"。高考638分的高分，考入了成都电子科技大学的热门专业！

图5-7 "中国好声音"讲述选手的真实经历

有特色故事的社群才更受欢迎

喜欢看书的人都有这样的感受：并不是所有的故事都能吸引读者的目光，只有那些有特色和情节曲折的故事才能深深吸引读者的目光。同样的道理，社群只有将那些有特色的故事融入自己的品牌，才能让自身在粉丝眼中看起来别具一格，并以此深深地吸引粉丝，最终在他们内心深处烙印下不可磨灭的印象。

"中国好声音"讲述的故事就非常有特色，它将每个故事中的主人公的与众不同之处都呈现在粉丝眼前，为粉丝奉献出众多个性十足的"励志大片"。

正是这种富有个性的故事，使得"中国好声音"的粉丝数量越来越多，其电视节目收视率也节节攀升，成为万众期待的"音乐嘉年华"。

图 5-8　"中国好声音"讲述特色故事

5.3 事件营销：借一借别人的"东风"

所谓事件营销，是指当一个易于传播的事件发生之后，企业、社群或者个人借助此事件的巨大影响力推广自己的产品和服务，提升自身知名度的营销行为。这个事件必须既有爆发性，也有预热性，能够迅速通过朋友圈、微信、微博等自媒体扩散开来。具体到社群，假如能够熟练运用事件营销，借一借别人的"东风"，则能在极短的时间内获得大量的关注，使得自身的知名度迅速提升。

5.3.1 借助社会事件做营销

生活中，我们总是会遇到一些突发事件，诸如重大天文发现、突发事件、自然灾害、名人娱乐新闻等。这些社会事件所形成的影响力往往极大，能够在短时间内传递到社会的各个角落，形成家喻户晓的热点。假如社群能够将自身与这些重大的社会事件联系在一起，便能够借助这些社会事件超强的社会影响力推广自身品牌，迅速获得关注，提升知名度。

那么，社群到底怎样才能更好地借助社会事件进行营销呢？

所选择的社会事件必须"重要"

社群想要借助社会事件提升自身的知名度，在选取事件时就必须选择重要事件。一般而言，事件越重要，越为人所知，其就越有被利用的价值。那么怎样判断事件内容重要与否呢？具体标准主要看该事件对社会产生影响的程度，其影响到的人越多，造成的社会冲击力越大，它就越重要，对社群的传播价值也就越大。

2014 年，"陌陌"在即将赴美上市之际，网易突然发表了一份声明，声称"陌陌"的创始人、CEO 唐岩在网易工作期间有诸多"不合规"行为。被网易"突袭"之后，"陌陌"因为当时正处于上市缄默期，不方便驳斥，所以未发表任何声明进行回击。但是这一事件在互联网领域却迅速传播开了，成为人们探讨的重大事件。"世纪佳缘"立即以"本是一网情深,奈何萧郎陌路"的文案进行营销，

图 5-9　"世纪佳缘"
进行事件营销

并因此赚足了眼球，更加广泛地提升了自身的知名度。

事件还需配上创意

社群想要借助事件来提升自身的影响力切不能生搬硬套，将自己捆绑在事件身上，不然生硬地和事件"拉关系"，不仅不会提升自身的知名度，反而会产生"画蛇添足"的效果，让人觉得不自然，甚至心生厌恶。也就是说，社群需要用创意将自身和发生的大事件结合在一起，给粉丝留下深刻的印象，如此才能顺利地搭上大事件的快车，提升自身的知名度。

人类一直在茫茫的宇宙中寻找地球的"兄弟姐妹"，一直期盼着地球之外存在着生命体。所以，当美国国家航空航天局宣布发现"另一个地球"的时候，整个世界都为之疯狂。正是看到了发现"第二个地球"事件的巨大营销价值，"徐铮影视文化工作室"才创造性地将地球的形态和徐铮的"光头"形象联系在一起，用一种幽默的方式将自身和"第二个地球"联系在一起，成功地宣传了电影《港囧》，为其赚足了人气。

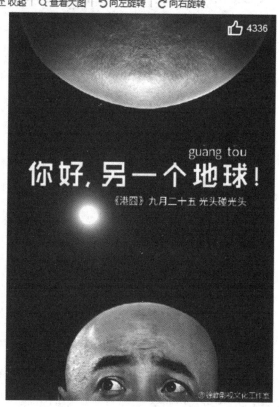

图 5-10　"徐铮影视文化工作室"的创意事件营销

事件要具有传播性

有时候，虽然事件看起来很重大，但是由于事件的内容比较敏感或者发展的不确定性，使得它传播起来很缓慢，这类事件并不适合社群"搭便车"。所以，社群在制定事件营销策略的时候，不能只将目光锁定在事件本身的大小上，还应考察其被大众关注的程度，能否快速传播开来。只有被大众接受和认可的事件，社群在其基础上营销才能形成一种良性循环，才可使得更多人加入社群，让事件达到峰值，最终达到最大限度推广社群的效果。

5.3.2 没有事件时，自己制造事件

也许很多人会问：这个社会发生的事件虽然很多，但是却不一定都适合我的社群，找不到合适的事件"搭便车"，怎么办？这是很多社群管理层的难题。其实解决起来也不难，就如同鲁迅先生说的：世上本没有路，走的人多了也就成了路。没有事件时，我们就自己制造事件，使之产生一定的影响力，继而达到宣传推广的效果。

那么，社群可以从哪些方面、用哪些策略制造事件，以提升自身的影响力和知名度呢？

制造"突发"事件，博人眼球

社群在制造事件的时候，不妨在"突发"上做文章。比如做一个活动，之前可以先适当放出一点风声，但是对活动时间、具体细节等要素严格保密，让粉丝想知道又无从打探消息，制造一种"饥饿效应"。等到时机成熟时再突然宣布活动时间和具体细节，营造出一种"突发"和"轰动"的效果。这样势必会最大限度地引爆社群，造成强烈的冲击性，引发更大范围的关注。

2014年，丰田皇冠在日本上市时，展台上出现的第一款新车竟然是玫红色的，很多慕名而来的消费者看到这辆车的第一反应就是：天哪，怎么是玫红色的！人们在惊讶之余，纷纷在各大社群"播报"这一突发事件，一时间玫红色的丰田皇冠成为各大社群关注的焦点。而丰田公司的产品社群更是

涌入大量的女性粉丝，在其中交流这款玫红色的丰田皇冠的具体性能参数，引爆了超强人气。

图 5-11　玫红色皇冠博人眼球

善于包装，将内容"事件化"

即使是很普通的一件事情，假如社群善于包装，将之以事件性的语言描述出来，也能人为地制造出很多事件，吸引众多粉丝关注。想要做到这一点，就需要社群在包装的过程中善于讲故事，给原本平淡的情节加入事件化因素，用事件化的语言表述出来，比如"想不到""逆转""奇葩"等，这样就能够制造出事件，吸引粉丝的关注，快速地提升人气。

"关爱八卦成长协会"就是一个非常善于将内容事件化的社群，其文章标题总是非常清晰地告诉粉丝，接下来他们将要看到的是一个事件，想不到的抑或是温馨的、稀奇的，总之是各种令人惊叹的娱乐性事件。这样一来，"关爱八卦成长协会"就制造了一个又一个令粉丝期待不已的事件，令人读起来津津有味，并乐于向身边

图 5-12　"关爱八卦成长协会"
善于制造事件

的人分享。

给自己增加一些"神秘感"

对社群管理层来说，假如自身带有神秘色彩，那么整个社群就是一个"事件主角活动地"，这样的话，其在社群中的一言一行也必定会成为粉丝关注的焦点。所以，社群不妨试着制造一些神秘感，以此吸引更多粉丝的关注，促使他们更加积极地传播。

"哈里童颜魔法师"是一位微整形外科医师，其微信是很多爱美女性关注的对象。"哈里童颜魔法师"很聪明地给自己蒙上了一层神秘的面纱，让自己的一言一行都成了粉丝关注的事件——其出镜时总是戴着口罩。这样一来，大家总是有意无意地猜测他的真实面孔，并且因此更加关注他的言行，主动向周围的人讲述他的故事。

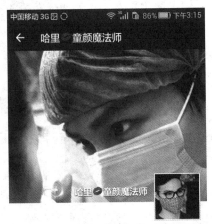

图 5-13　充满神秘感的朋友圈发布

5.4 饥饿营销：永远在饥饿，永远在营销

在我们的生活和工作中，经常会遇到这种现象：买新车的时候需要先交定金排队等候，买新手机的时候需要提前网上预订，还经常看到一些"限量版"产品和"秒杀"活动等。很多人想不通，在生产力大大提升的今天，为什么还存在着大排长龙、供不应求的现象呢？

其实这里面除了消费者的"刚性"需求之外，还有饥饿营销的运作。很多商家采取大量广告促销宣传，先勾起消费者的购买欲望，然后再采取调低产量、限制出货数量的方式，制造出供不应求的假象，以达到维护产品形象并维持商品较高售价和利润的目的。对社群而言，如果能够善加利用饥饿营销的策略，就会在很大程度上提升产品的销售业绩，并且迅速树立起口碑。

5.4.1 饿了什么都好吃

人在极度饥饿的时候，即使是一个馒头，吃起来也如同仙果。同样的道理，当消费者对某种产品极度渴望而暂时得不到的时候，这种产品在其眼中就会变得更加出色。正所谓"得不到的永远是最好的"，社群在营销自身产品和服务时，不妨迎合粉丝这种物以稀为贵的心理，制造"来之不易"的体验。通俗地说，就是让粉丝在一段时间内很难得到他们想要的产品和服务，因为人们越是买不到，就越会关注社群，渴望得到其产品和服务。

做好宣传，勾起粉丝的消费欲望

社群饥饿营销，并不是说随便一个社群产品只要"矜持"一下就会吸引别人的注意，让无数人纷纷加入，为其产品"疯狂"。想要完美地玩转"饥饿"，社群必须首先制造出某些"饥饿点"，让粉丝产生想要拥有该产品的

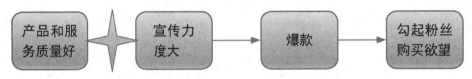

图 5-14　宣传可以勾起粉丝的购买欲望

欲望。这就需要社群提前做好宣传，利用社会媒体和自媒体点燃粉丝的购买欲。当然，社群也需要在产品和服务质量上下工夫，做精产品和服务，让产品和服务具有成为"爆品"的潜质。

粉丝经济时代，限量是秘密武器

现代社会制造业发达，各种商品应有尽有，数量远远超过人们的想象，早已经由最初的卖方经济进入买方经济。任何一件商品，只要你有钱，都可以买到，这似乎是市场进入买方经济之后的规律。假如你的产品质量够好，但是花钱却不一定能够买到，这就是一种逆市场行为，必然会显得与众不同。

如果社群能够打好限量牌，必然会在粉丝群体中引发关注，迅速打出知名度，激发大家的消费欲望，甚至会引起抢购热潮。所以社群，特别是产品型社群，有必要在饥饿营销上做一些文章，将限量销售作为自身产品和服务走向市场、树立口碑的秘密武器，研究适合自身的限购策略。

图 5-15　限量可以引发粉丝的"饥饿感"

新产品限量销售，凸显产品稀缺性

对大众来说，普遍存在着物以稀为贵的心态，觉得越是稀少的就越珍贵，越值得花费大量时间和金钱去获得。所以，社群不妨利用大众的这种心理，在新产品发售上做限量销售，成功吊起更多人的占有欲。这样不仅能迅速提升新产品的知名度，树立口碑，还能带动社群内其他产品的销售，在整体上促进企业产品的销售，帮助社群获得最大利润。

小米手机社群一直是饥饿营销的"行家"，每款小米手机在发售后都会成为粉丝追抢的爆款产品，除了小米手机自身具有超高的性价比之外，还和其饥饿营销策略有很大关系。小米手机新品在正式发布后的一段时间，粉丝是很难购买到的，需要在网上进行抢购或者到小米之家排队碰运气。如此一来，小米新产品供不应求的现象就在粉丝心中树立起了"货好""值得等待"的形象，进一步促进了小米新品手机的销售。

图 5-16　小米手机限量发售

5.4.2 可以"饿"，但不能过度

俗话说："过犹不及"。做什么事情都要掌握一个度，这和炒菜一样，火候适当，炒出来的菜才会鲜嫩可口，假如火大了，或者炒的时间久了，那么再好的菜也会变得难吃。同样的道理，社群在进行饥饿营销时，也要掌握好"火候"，坚持适度原则，让粉丝"饿"，但却不至于"失望"，这样才能让粉丝对产品和服务持续充满期待；假如掌握不好"火候"，使得粉丝"饥饿"时间太久，则会让粉丝心生失望甚至是怨恨，不仅达不到营销的最初目的，反而会导致粉丝排斥该产品和服务，造成反面效果。

限购一段时间后要及时开放购买

很多社群在进行饥饿营销时，经常使用限购策略，有意压低供货数量，特别是在新品发布后的一段时间，这种限购策略会向粉丝传达这样的信息：

新产品销售非常火爆，供不应求，你值得拥有。但是假如限购的时间太长，持续挑战粉丝的耐性，则不是什么高明的策略。饥饿营销的卖点是营造"暂时无货"的畅销感，而不是长久地让粉丝失望，挑战粉丝的耐性。

小米Note顶配版推出后即成为粉丝抢购的爆品，出现了一机难求的局面。2015年，为了最大限度地满足粉丝的需求，小米公司决定提升产量，线上线下同步开卖。这样，粉丝在之前积累的"饥饿感"被充分地释放了出来，转化为购机的动力，使得小米Note顶配版销量大幅提升，在粉丝心目中的口碑也快速地树立了起来。

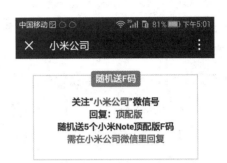

图 5-17　小米手机公布新品销售时间

发货速度要快

既然之前已经让粉丝有了饥饿感，所以在放开购买之后，发货的速度就必须够快，这样之前的等待和之后的快速才会形成鲜明的对比效果，让社群及其产品和服务在消费者心中的形象更富有魅力。

华为手机于 2012 年 10 月 29 日高调推出了一款"神秘手机"，这款被称为荣耀四核爱享版的手机以其低价高配的特点，一经问世便被粉丝誉为"小米终结者"，而且华为商城官方微博也打出了"真正的发烧从不等待"的口号。但是购买该机的粉丝却发现华为发货异常迟缓，有的粉丝下单半个月之后仍未显示发货。这种"龟速"让粉丝很失望，尽管华为高层在微博上向粉丝表达了歉意，但是很多粉丝仍然很失望，而且并不领情，华为也因此落下了个"卖期货"的名声。

图 5-18　发货速度快慢影响消费体验

5.5 病毒营销：让全世界都被感染

病毒营销，又被称为病毒式营销、基因行销，是一种常见的网络营销方法，经常被用于网站社群推广、品牌推广等方面。具体到社群，在进行病毒营销的时候，可以通过粉丝的社会关系网络，使想要发布的信息如同病毒一样一传十、十传百、百传千地进行传播和扩散。也就是说，社群可以通过提供有价值的产品或者服务，让粉丝告诉更多的人和社群相关的信息，使粉丝成为信息传播的载体。

5.5.1 有策略才有效

社群在进行病毒营销时要制定良好的策略，最终才会收到良好的效果。假如社群没有什么像样的策略，毫无方向性地进行宣传，那么最终可能会事倍功半，浪费了大量的时间、精力，却收效甚微。

社群在进行病毒营销的时候，要坚持必要的策略，才能最大限度地保证营销的效果。那么一般而言，社群需要坚持哪些策略呢？

塑造良好的网络口碑

病毒式营销要想取得成功，社群自身口碑必须要好。俗话说"金杯银杯不如口碑"，不管何时何地，良好的口碑都是最为有效的营销武器。病毒营销也是如此，人们都喜欢将自身的经历和体验向周围的人诉说，而这种口口相传的影响力是非常大的。在移动互联网高速发展的今天，人们传播信息的渠道不再局限于传统的口口相传，众多自媒体平台的兴起使得口碑的力量越发壮大。正因为人类拥有传播信息的天性以及对口碑的高度信任，所以社群在病毒营销的过程中，要首先塑造口碑品牌或者产品口碑。

图 5-19　"米柚"用奖品鼓励粉丝发起话题

小米系列产品，包括手机、路由器等，自诞生伊始就坚持"为发烧而生"的品牌战略。小米本身就是由一群爱玩的发烧友群策群力创建的，几个创始人都是数码发烧友，在生产手机之前，他们就下定决心，不管市场有多大，都要坚持这个原则，将产品做到发烧友喜欢的级别。因此，小米手机成功地塑造了良好的网络口碑，使得小米在之后的社群营销中获得了巨大的优势，吸引了很多爱好电子产品的消费者。

用免费吸引粉丝

"免费"二字在消费者眼中有着永恒的吸引力，大多数情况下病毒营销就是通过提供免费的服务或产品吸引消费者的注意的，比如免费下载、免费赠送、免费服务、免费信息等，当消费者在使用这些免费的产品以及服务时，就为社群带来了广告收入、有价值的营销数据等。此时的"免费"并不是无利可图，而是吸引消费者眼球的工具，以利于将消费者吸引到收费的产品上进行消费，这是社群在开展病毒营销初级阶段较为有用的营销手段。

打破常规，提升关注

创新，是网络营销永恒的主题，它永远都是吸引消费者的利器。社群在病毒营销的过程中，应该在自己的营销理念中融入更多的新鲜理念，将经过包装、加工、具有很大吸引力的产品和品牌信息传播给消费者，使其突破消费者的戒备心理，促使消费者从纯粹的接受者变成积极的传播者。

5.5.2 有料，制作有内涵的"病毒"

天下没有免费的午餐，现阶段任何信息的传播都要为渠道的使用付费，病毒营销也不例外。虽然病毒营销能够利用目标消费者的参与热情，但是在渠道使用上的推广成本依然存在，只不过目标消费者因为受到商家的信息刺激而自愿参与到后续的传播过程中来，使得原本应该由商家承担的广告成本转嫁到目标消费者身上而已。这样一来，病毒营销对商家而言也就没有了成本。那么对消费者而言，他们并不能从"为商家打工"中获得利益，为什么却自愿地提供信息传播渠道呢？社群在病毒营销时需要如何下手呢？这些问题的关键还是在于"病毒"本身，其必须"有料"，才能让目标消费者自愿提供传播渠道。

为广告披上"糖衣"

社群想要最大限度地扩大病毒营销的效果，必须首先做好"病原体"，让其有料，具有"易感性"。也就是说，社群向目标人群传播的信息不应是赤裸裸的广告信息，而应该是经过加工的、具有很大吸引力的产品和品牌信息，正是这件披在广告信息之外的"糖衣"，使得"病原体"得以突破目标人群的戒备心理，令他们完成从被动接受者到主动传播者的蜕变。

"江小白"在宣传其青春小酒系列商品时，从来不会在社群中赤裸裸地打广告，而是通过推出人生、亲情、友情等富有哲理性的话题，引发目标人群的关注和思考，继而用其中富有哲理性的情愫"感染"消费者。其在2015年国庆节推出的《你拿什么冒充青春》一文中（图5-20），通过简短而又富有哲理性的语言图文探讨了青春的真谛，引发了粉丝的强烈共鸣（图5-21），因而被粉丝大量评论转发。

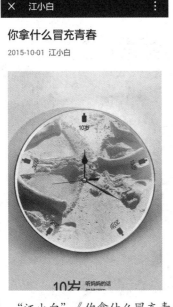

图 5-20　"江小白"《你拿什么冒充青春》

图 5-21　文章引发共鸣

娱乐性，是病毒营销最大的"料"

正所谓"无娱乐不病毒"，特别是在当今快节奏的生活和工作环境中，人们内心普遍压抑，对娱乐的需求也就变得更加迫切和明显了。在这样的大背景之下，具有娱乐性的"病毒"传染性将是非常巨大的，对人群的"杀伤力"相对于其他信息也将成倍增加。所以对社群而言，制造有娱乐性的"病毒"，就能让目标人群在快乐中接受和被"感染"，并且使得其传播速度呈现几何级"裂变"趋势。

"关爱八卦成长协会"可以称得上病毒营销的行家，其发布的每条信息都带有丰富的娱乐性和趣味性，或让粉丝阅读得津津有味，或让粉丝开怀大笑，或令粉丝拍案叫绝……正是加入了娱乐因子，所以"关爱八卦成长协会"的信息传播非常迅捷，该社群通过众多粉丝也"感染"到了更多的人。

图5-22　"关爱八卦成长协会"具有很强的娱乐性

5.5.3 简单，越简单越快速

在病毒营销过程中，怎样才能让制造出来的"病毒"快速地传播是决定着最终营销结果的直接因素。"病毒"传播得越快，其影响力就越显著，效果就越"致命"；"病毒"传播得越慢，其效果越不明显。就如同真正的病毒一样，像患流感者只要不经意打个喷嚏就可能传染更多人，而艾滋病则需要通过血液和性接触才能传播。所以，社群在开展病毒营销的时候，首先要考虑如何才能让粉丝简单"感染"就能迅速传播的方法。社群必须谨记，不管什么方法，都需要遵循简单的原则，因为越简单，"病毒"就会传播得越快。

简化营销信息

想让"病毒"传播得更快，一个最基本的要素是"病毒"要更简单、更易于"复制",易于记忆、传递、转帖、下载、邮件发送等。所以社群在制定营销"病毒"时,首先要考量的是怎样才能让用户简单快捷地传播这些信息,为此,社群需要充分考虑用户在使用互联网时的习惯,制作出简单且方便用户传递的营销"病毒"。

"江小白"官微上推出的信息就具有简化的特点,图片配合简短而富有哲理的文字使得其信息非常醒目,易引人深思,更易于粉丝转发——只要复制粘贴一下,就可以将这些图片转发到其他自媒体平台上。正是这种营销信息上的精简化,使得"江小白"处处被粉丝传播,其推出的各种营销信息图片成为各个自媒体和社交网站上的"常客"。

图 5-23　"江小白"
以简单的图文营销产品

降低用户的传播成本

社群在制定病毒营销策略时,要最大限度地降低用户的传播成本,甚至是让用户零成本传播。假如用户在传播信息上付出的成本远远大于其在传播信息时所获得的乐趣,那么他便不会积极主

图 5-24　"中国好声音"
发布内容简练,便于转发和口口相传

动地去传播；相反，假如社群能够降低信息的传播成本，那么获得病毒营销红利的机会就越大。

"中国好声音"在微博上非常善于降低粉丝的传播成本，其公布的信息往往是寥寥几句话，绝不会进行长篇大论式的发布。短而精炼的信息方便粉丝阅读和记忆，利于在粉丝群体中口口相传，最大限度地降低了粉丝的传播成本。这样短而精炼的微博也方便粉丝进行转发，利于信息呈几何级传播。

5.5.4 寻找易感人群

想要让病毒营销取得最好的效果，社群必须寻找最容易感染的人群，将这群人作为"病毒"传播的载体和平台，利用他们的活动轨迹和范围，使得病毒在更大范围内传播开来。可以说病毒营销成功的关键在于首先要在人群中培养出"蒲公英的种子"，然后才能让这些种子散播到更广的人群中"感染"更多的人，传播更多的信息，最终让社群产品和服务信息以几何级速度进行传播扩散。

定位目标人群

病毒在很多时候也是"看人下菜"的，因为不同的人免疫力也不同，免疫力强的人对病毒"无感"，免疫力低的人则很容易被病毒感染。所以，社群要想让病毒营销达到最好的效果，必须要寻找到对"病毒"最为敏感的人群，提前进行"病毒测试"，了解"病毒"的感染性如何，是否能够让这些人成为最初的"传染源"？那么怎样才能定位这部分易感人群呢？想要找到这群人，社群必须结合自身所能提供的产品和服务，进行相应的定位。

图 5-25 "江小白"
推出感动年轻人的话题

"江小白"的青春小酒系列主要面向年轻人，其在进行"病毒"设计时也主要以年轻人的生活和消费习惯为基础，最大限度地生产适合年轻人的"病毒"。比如其推送的《但你们没有》就是针对年轻人和父母之间情感羁绊的"病毒"，图文并茂，深深地打动了粉丝，在年轻人群体中引发了一股感恩父母的风潮，"江小白"自然也跟随着这股风潮越传越远，成为年轻人心中汲取正能量的源头之一。

寻找最合适的网络平台

　　有了目标人群的准确定位，社群还需要找到这些人的聚集平台，这样在上面散发出的"病毒"才能大面积地感染尽可能多的人。也就是说，一个适合的平台也是决定病毒营销成功与否的重要因素，平台找得准，就能让"病毒"信息更快速地传播出去，使其更具"杀伤力"。

　　对很多病毒营销者而言，朋友圈是个非常好的传播平台。因为在朋友圈大家彼此都比较熟悉，彼此之间存在着一定的信任关系，这样，朋友圈内的人对"病毒"的免疫力就比较低，当我们将精心生产的"病毒"播撒到朋友圈之后，就极易在信任的基础上传播开来，并且从一个圈子扩展到另一个圈子，继而影响到无数的圈子。

图 5-26　朋友圈适合扩散话题

152

5.5.5 规则把握得越好，"病毒"传播得越快

在社群营销活动中，想要让"病毒"传播得快，除了制造适合目标人群的特定"病毒"之外，还需要恰到好处地把握规则：规则把握得越好，"病毒"传播的速度就越快；反之，则会影响到"病毒"的传播速度，影响营销的最终效果。所以在社群的营销过程中，我们必须要掌握好规则。

想要病毒营销做得好，我们就必须先搞清楚病毒营销的六个基本要素。虽然一个成功的病毒营销战略并不一定要包含所有的要素，但是所包含的要素越多，最终的营销效果就会越好。

提供有价值的产品或服务

对社群而言，想要最大限度地发挥病毒营销的效果，其自身必须能够向粉丝提供有价值的产品或者服务。这样，社群"病毒"才会更具"感染性"，更容易吸引消费者的注意，使消费者积极地加入到社群中来，深入地了解社群的产品和服务。

提供低成本信息传播方式

医生通常会在流感季节对病人提出严肃的劝告：经常洗手，不要经常触摸眼睛、鼻子和嘴，因为这些行为都有可能让人感染流感病毒。同理，社群想要更好地让"病毒"扩散，就必须降低成员携带和扩散的成本。从这一点出发，社群在制造"病毒"的时候，内容越简短精练，就越容易被成员携带。

信息传播范围由小到大

社群制造的"病毒"模型必须是可扩充的，可以适应由小到大的信息传播方式，能够迅速扩大传播的范围。因此，社群在进行病毒营销的时候，制造的"病毒"必须要容易大规模扩散。

利用成员的积极性和行为

对社群而言，巧妙的病毒营销计划必定会利用好成员的积极性，比如用情感、免费等因素刺激成员传递"病毒"的积极性，让他们更加主动地传播"病毒"。这种建立在公众积极性和行为基础上的营销战略将会取得巨大的成功。

利用现有的通信资源

每个人都是社会关系网络中的一员，其身后联系着父母、亲友、同事、同学等。社群在营销的时候要学会将自身的信息置于成员现有的家人、朋友的通信网络之中，其将会迅速地将"病毒"扩散出去。

利用别人的资源

社群最具创造性的病毒营销计划就是利用别人的资源达到自己的目的。比如社群可以制订计划，在别人的网站上宣传社群，或者和网络大 V 合作，利用名人效应来椽笔社群信息，这些都可以达到事半功倍的效果。

第六章

体验：你的社群，粉丝做主

一个社群想要成功，想要最大限度地获得成员的认同，就必须做好成员体验。那么怎样去做好成员体验呢？一言而概之，就是你的社群由粉丝做主。只有通过各种服务让粉丝满意了，社群才会变成粉丝真正的心灵家园，其服务、产品才会获得最大限度的认同。

6.1 给粉丝带来极致的体验

对社群而言，用户体验的满意度高低是决定成功与否的重要因素。特别是在"互联网+"时代，社群思维的核心虽然从表面上看是口碑为王，但口碑的本质则是用户思维，就是要让用户有参与感，获得极致体验，最大限度地提升用户的满意度。

所以，给粉丝带来极致体验就显得尤为重要了。当一个社群能够为用户带来产品和服务方面的极致体验时，这个社群在粉丝眼中就会彰显出"有用""有趣""省心""信任"等价值。

6.1.1 极致的产品

想要给粉丝带来极致的体验，产品是首要环节。一款好的产品，不仅能够为粉丝带来使用功能上的满足，而且也会带来情感上的愉悦。如此，在使用功能和情感愉悦上的满足，就会给用户带来极致的体验。所以，最好的产品是给粉丝带来极致体验的基础。

用户模式大于一切工程模式

想要做出让用户满意的极致产品，首要的一点就是开启用户模式，在社群中征求用户的意见，从用户的使用习惯和功能需求出发设计产品，而不是闭门造车，根据自己想象的工程模式创造出所谓的"潮流""高科技"型产品。

为了让用户深度地参与到产品研发中来，小米特地为其社区设计了"橙色星期五"的互联网开发模式，核心是 MIUI 团队在论坛上和小米用户进行互动，从手机用户在使用产品过程中出现的问题，寻找用户的使用习惯和对产品功能的期待。这种用户模式使得小米产品成为"用户产品"，极大地提升了用户的满意度。

图 6-1　米柚论坛"橙色星期五"版块

极致产品的核心是为谁设计

做产品，首先要在设计上做文章。很多人可能都忽略了"为谁设计产品"这个问题，但这却是做极致产品的原点，只有先确定这个原点，产品设计系统才会明确下来。假如搞不清这个问题，那么就无法正确地定位产品，设计

图 6-2　"米柚论坛"设有专门收集用户对产品功能的建议版块

出来的产品也不会满足"好用""好看"的标准，在这样的理念下生产出来的产品必然是苍白的，对用户而言自然也就缺乏吸引力。

高性价比产品才能点燃用户热情

一款能够引爆社群的极致产品必定是高性价比的产品，没有人能在高性能低价格的产品面前保持矜持。所以，在创造极致产品的时候，我们需要在性价比上做好文章，力求创造出的产品在好用、好看的同时，还能让用户买得起，并觉得捡了一个大便宜。这样一来，产品自然也就做到极致了。

比如小米手机自其诞生伊始就秉持"为发烧而生"的理念，在性能上追求"永无止境"，在价格上却始终坚持"亲民"。于是诞生了高性价比的小米系列手机，每次新品的诞生都会引爆社群，成为人们追逐、谈论的焦点。

图6-3　小米手机秉持高性价比原则

6.1.2 极致的服务

想要给粉丝带来极致体验，除了要做好产品环节，还要在服务上做文章。产品是基础，服务则是基础之上的升华。特别是在"互联网+"时代，口碑为王，而服务则是创立和维护良好口碑的重要环节。

用户在哪儿，服务就做到哪儿

怎样才能在第一时间解决用户在使用产品时遇到的问题呢？最好的办法就是用户在哪儿就把服务做到哪儿，保证服务就在用户周边，甚至不用用户主动提出，而是主动找用户沟通、询问。

社群中的服务版块可以很好地帮助社群实现这一目标，用户一天 24 小时都可以利用社群的服务功能反映问题。管理人员还可以通过社群主动发布话题，调查粉丝在使用产品中遇到的问题，进行大范围服务覆盖，第一时间解决粉丝的问题，提升粉丝的服务满意度。

"快"是极致服务的第一要素

想要让粉丝体验到极致服务，那么企业就必须在"快"字上做好文章。正所谓"天下武功，唯快不破"，其实做服务在本质上也是在做"快"。谁的服务响应迅捷，谁就能够在第一时间出现在粉丝面前，解决他们在产品使用过程中遇到的问题，谁就能在粉丝心目中快速树立起良好的口碑。

建立完善的服务补偿机制

再好的服务承诺也会有不能兑现的时候，出现这种状况必然会在粉丝心中留下一定的"阴影"。这时，企业可以通过之前建立起来的服务补偿机制进行相应的"赔付"。这样一来，在社群中势必引发口碑传播热潮，展现极致服务特有的魅力。

小米手机在社群中提出"1 小时快修服务"后，承诺 1 小时内修不好就赔 20 元。另外，在小米之家还设置了一些小游戏，赠送小礼物，以此消除用户在维修超时中所产生的不快情绪。这些措施都让小米在社群中获取了强大的赞誉和支持。

6.2 给粉丝源源不断的新鲜感

一个社群只有让成员产生"忠诚感"，才能焕发出强大的生命力。而粉丝产生忠诚感的基础在于能够不断地在社群中获得自己关注的信息。一个社群想要不断地吸引粉丝的关注，并且留住粉丝，就必须给予粉丝源源不断的新鲜感，让他们在其中获得新的产品信息、新的服务接口、新的系统更新资源等。

源源不断的新鲜感会给粉丝带来与众不同的体验，提升他们的满意度，增加他们对社群的喜爱，并最终在粉丝内心树立起良好的口碑，产生更强的影响力。

6.2.1 有创新才有新鲜感

一个社群想要不断地保持新鲜感，那么创新是少不了的。一个人第一次吃螃蟹，会觉得味道很鲜美，吃起来也很有挑战性；第二次吃或许还有新鲜感，但是相对于第一次，吃起来就没有那么兴奋了；第三次、第四次……吃的次数越多，新鲜感就会变得越淡，直至最终消失，甚至会对不断重复出现在眼前的螃蟹产生厌恶之情。

参加社群也如同吃螃蟹，假如我们在社群中总是看到一种产品，享受一种服务，讨论一个话题，时间久了，参加社群的新鲜感消失后就会产生无聊感，甚至会衍生出厌恶情绪，继而退群。由此可见，一个社群想要保持长久的生命力，就必须在创新上做文章，只有给予消费者源源不断的新鲜感受，社群才能留得住粉丝。

图 6-4　小米社群从来不缺对新产品的"期盼"

保持产品的更迭周期

一个企业想要让创建的社群有生命力，时刻保持新鲜感，就需要保持产品上的创新，不断地推出新产品，用一款款不断推出的创新性产品吊足成员们的胃口，让他们期待、猜测、讨论，这样一来，社群内的气氛才会高涨，这不仅有利于企业产品的宣传销售，也有利于社群生命力的延续，促使社群不断地扩大影响力。

小米手机不断推出的新产品保证了小米社区充足的"弹药"储备，更重要的是，每一次新产品在推出之前，都会调动起大家的好奇心，引发社群讨论热潮。正是基于此，人们在小米社群和米柚论坛从来不会缺少新鲜感。

创新形式

除了在产品上创新之外，社群还可以在形式上进行创新，给社群营造新鲜感，继而不断地吸引新粉丝加入，壮大社群，扩大社群的影响力。比如我们可以在视频上做文章，在讲述方式上进行创新等。这些形式可以规避人们对文字产生的惰性，带来强烈的新鲜感。

"罗辑思维"创始人罗振宇就很善于创新社群形式，他深知这个社会缺少的就是简短而具备话题属性的内容。所以他的"罗辑思维"便在内容呈现形式上进行了创新，通过视频形式，用"有种、有趣、有料"的讲故事的形式来满足粉丝追求新鲜感的心理，继而获得了巨大的成功。

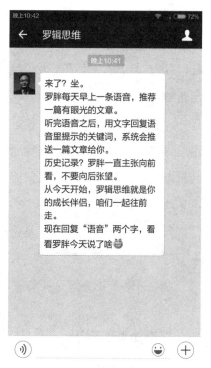

图6-5 "罗辑思维"采用语音
形式吸引粉丝

6.2.2 在细节上给粉丝新鲜感

一个社群想要给成员创造源源不断的新鲜感，除了要在不断地创新中营造新鲜感之外，还需要在细节上给粉丝新鲜感。很多社群的管理者在社群的管理和运营过程中，总是忽视细节上的"装修"，认为细节无伤大雅，即使做好了也没有什么价值。其实不然，在很多事情上，细节决定着最终的成败，社群若做好了细节，就能营造出源源不断的新鲜感。

在话题上做出亮点

想要让一个社群保持新鲜感，那么管理人员就必须在话题设置的细节上下功夫，保持话题的新鲜感，社群才会保持新鲜感。其实话题之于社群，就如同细胞之于人体一样，话题有亮点，整个社群才有吸引力，才能最大限度地展现出新鲜感。

"关爱八卦成长协会"就非常重视话题细节上的设置，对话题标题一般都会精雕细琢，用一些爆料效果明显的词语来增加话题的新鲜感和吸引力，诸如"大尺度""罕见"等。正是这种话题设置细节上的"亮点"，让"关爱八卦成长协会"时刻都充满了新鲜感。

图 6-6 "关爱八卦成长协会"
的每个话题都有亮点

提供简单的娱乐

一个社群要在细节上做出新鲜感，还要能提供给成员简单的娱乐。一个充满新鲜感的社群，也应该是一个能在细节上提供简单娱乐的社群。特别是在竞争激烈的当下，人们参加社群的目的除了学习之外，最大的一个原因就是娱乐减压了。

人性化推送

社群的新鲜感要靠好的内容和形式来维护，也需要在推送细节上做文章。

假如社群频繁地向成员推送各种信息，推送的次数多了，再好的内容和形式也会变得让人厌烦，甚至严重到打扰成员正常生活的地步，从而导致成员退群。只有适当地、人性化地推送频率，才能让社群保持一定的新鲜感。

高端企业家社群"正和岛"官方微信公众号在推送细节上就很人性化，其会在每天下午4～6点之间向关注它的成员推送信息，这样一来就避免了时间不固定、出现"骚扰"用户的尴尬。更重要的是，固定的推送时间，会让成员有一种期待感，对内容有一种新鲜感。

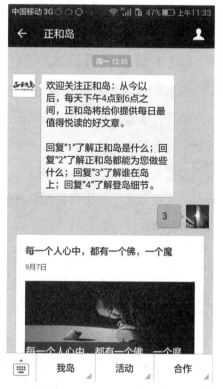

图 6-7 "正和岛"的推送时间很人性化

6.3 简洁，不简单

一个社群想要深刻地走进成员的内心，首先要好操作；其次是易参与、易了解。假如我们参加一个社群，进入后需要进行各种繁杂的操作和认证才能享受到成员待遇，那么我们肯定会产生这样的第一印象——加入这个社群太麻烦，估计之后的发展也不会太好。如此一来，繁杂而冗余的社群操作方式和产品设计势必会降低成员对社群的认同感，降低社群的吸引力。

一个好的社群必须是简洁的，能够让人非常方便、顺畅地加入，能够快速地享受到应该享受的服务。但是简洁并不意味着社群所提供的产品和服务种类、数量上的减少，简洁而不简单的社群才更令人难忘，更令人愿意扎根其中。

6.3.1 制造"傻瓜式"操作方式

很多人都会使用电脑，但是电脑在使用一段时间后会出现各种各样的问题，例如需要重装系统，对此很多人都比较头疼，因为重装电脑系统步骤非常复杂，很多人往往会卡在某个步骤，导致系统装不上，即使最后勉强装上了，也会出现这样或那样的问题，不能正常使用。于是，后来工程师们便设计出了"傻瓜式"装机盘，我们只需要将之放置于光驱中，动动手指，便可以轻松将系统装好。

其实，社群的运转和重装电脑系统一样，我们设计的操作系统越简单，成员付出的操作成本就越低，其操作满意度就越高，对整个社群的印象也就越好；反之，假如社群的操作方式冗杂繁复，成员操作的时候不知如何下手，那么他们对之后社群生活的美好预期就会下降，这样一来，社群的体验满意度也就随之下降了。

关注即可加入

对一个社群来说，想要获得更多粉丝的关注，提升粉丝体验满意度，降低入门操作"技术"含量是最简单的方式。当我们从别人那里听到一个社群名称并想加入一窥究竟时，随手点击几下就可以实现这个愿望，这样简洁的加入操作带给我们的除了便捷之外，还有对该社群良好的第一体验印象——好客，

图6-8 "罗辑思维"官微秉持开放原则

开放，务实。

社群版块设计要简单

对一个社群来说，要提供给成员尽可能多的产品和服务，才能最大限度地吸引粉丝，提升成员的体验满意度。产品和服务多了，就需要将之"归门别类"，将功能相同、相似的产品和服务归纳到一个版块中，在一个版块目录之下附着若干子版块和目录，这样就使整个社群脉络分明，成员在操作的时候，在大版块目录之下就能很方便地找到自身所需要的产品和服务子版块的目录了。

图6-9 设计简单的"江小白"社群官微

6.3.2 社群产品设计要瘦身

社群需要向成员提供产品和服务才能满足成员的需求，最终获得成员最大的信任，从而不断地吸引新的粉丝，壮大自己，并最终实现赢利。于是，很多社群管理者在设计产品时总是潜意识地追求数量，觉得产品越多越好，以为这样才能最大限度地满足成员的需求，提升成员的体验满意度。

社群产品数量多虽然能在一定意义上满足成员的不同需求，但是却很容易造成社群产品体系的臃肿，造成一种多而不精、主次不分的局面，使得社群成员在选择的时候毫无头绪，不知道究竟哪一种产品才是最合适自己的。所以，对智慧的社群管理者而言，社群产品设计要瘦身，而不是多而臃肿。

要有主打产品

　　一个社群的产品可以有多个，但是必须要有一个作为主打产品，契合社群的目标定位，为主要的社群成员服务。这样一来，社群管理者可以在主打产品上投入更多的精力和资源，将其包装成社群产品的金字招牌，以此提升成员的体验满意度，吸引更多的人加入，成为社群的粉丝。

　　"妳的"生活方式社群主要面向女性成员普及高品质的生活方式，组织各种线下活动。作为一个在女性群体中影响力广泛的社群，其始终坚持以"普及高品质生活"为主要社群产品，面向广大女性介绍滑雪、代餐、钢管舞、早午餐等生活方式。这种主打产品对女性，尤其是向往和追求高品质生活的女性产

图 6-10　"妳的"
社群主打提升女性生活质量的产品

生了巨大的吸引力，使得她们在"妳的"社群获得了很高的体验满意度。

产品在精不在多

　　社群除了有一个主打产品之外，还需要次要产品来满足不同类型成员的需求，最大限度地吸引粉丝，提升成员的体验满意度。正如红花还需要绿叶装饰，当然，"绿叶"的数量不能太多，不然就可能掩盖了"红花"的荣光。因此，社群产品必须精炼，尤其是次要产品，在设计时必须坚持"精而不冗"的原则，这样，整个产品体系才会给成员留下一种精干的印象。

　　"妳的"在主推高端生活方式之外，为了更好地展示这一理念，还推出了"妳的她"产品，定期介绍一些优质的、能够代表其核心价值观的"女神"，

帮助主打产品更好地传递核心精神。

图 6-11 "妳的"推送精品文章

6.4 参与，才能让粉丝获得真正的体验

对社群而言，如果仅有理论、文字、图片展示，对提升粉丝的体验满意度而言还是非常单薄的。一个令粉丝"效忠"并大力推荐的社群，必定是一个参与感强烈的社群，因为只有让粉丝参与到社群中，在具体的参与中获得

愉悦，他们才能体验到最大的乐趣，才会将自己看成社群的主人，而不仅仅是一个过客。

所以，一个社群想要发展壮大，想要成为粉丝的家园，想要成为人们的首选，就必定要做好参与感，让粉丝获得真正的体验。

6.4.1 让粉丝参与社群的运营

一个社群想要让粉丝获得真正的体验，最好的方式就是让粉丝参与到社群的运营中来。这样一来，社群对粉丝而言就不再是一个简单的"驿站"，而是充分投入了精力和情感的"家"。那么怎样才能吸引粉丝参与到社群的运营中去呢？

吸收粉丝作为社群管理员

对一个社群而言，由于粉丝众多，各个版块互动频繁，所需要的管理人员也很多。社群管理者可以适当放开权限，将一些活动比较积极、影响力比较大的粉丝吸收到管理层。如此一来，这些从粉丝群体进入管理层的成员势

图 6-12 小米社区管理员很多，而且都是从"米粉"中诞生的

必会深深体验到社群管理和运行中的点点滴滴，对社群的喜爱度必定会进一步提升，继而全心全意去管理社群、推销社群，影响更多的粉丝投入到社群话题和活动中去，创造出更加贴近粉丝的体验产品。

组织线下活动

一个社群，仅局限于线上的交流难免会让人生出虚幻的感觉，继而冲淡粉丝的参与感。所以，社群管理者应该多组织一些线下活动，以面对面的方式无限放大粉丝的参与感。而且在这些线下活动的组织过程中，要尽力吸收粉丝中的积极分子参与到活动的策划和组织过程中来。这样一来，粉丝也就直接参与了社群的具体运营，极大地提升了他们的社群体验感。

图 6-13　"妳的"发布聚会信息

图 6-14　"K友汇"招募地方
站负责人

从粉丝中招募社群地方站负责人

一个社群想要发展壮大，少不了在各个城市设立分支。在这个过程中，社群管理层可以招募当地的粉丝作为社群负责人，负责当地社群的线下互动策划和组织活动。这样，社群不仅能够在各个城市遍地开花，而且还能大量吸引当地的粉丝，提升他们对社群的认同度和体验满意度，最大限度地提升社群的凝聚力和发展潜力。

6.4.2 根据粉丝的反馈修改产品

一个社群想要营造出良好的参与感，除了让粉丝参与到具体的运营中去，体验运营社群的乐趣和责任之外，还可以通过鼓励粉丝反馈产品使用情况的方式营造参与感。要知道在很多时候，当粉丝提出的反馈意见被采纳并且用于产品的改进和新产品的研发时，对粉丝而言则是一种非常有意义的参与，它代表着被尊敬、被重视，粉丝的自豪感和成就感就会油然而生。

设立搜集粉丝意见的"门"和"窗"

社群要想让粉丝深度参与进去，搜集其对产品的意见，并在粉丝意见的基础上修改产品，就需要在社群版块设计上留出相应的"门"和"窗"，这样才能让粉丝的意见有"门"可寻。假如社群在功能设计上没有考虑到这一点，只是一味地做产品和服务，却没考虑产品和服务在投放之后的反馈，没有留出"门"和"窗"，就会严重削弱粉丝对社群体验的满意度。

图 6-15 "罗辑思维"
设有"社群服务"版块

开放参与节点

在社群中，企业要开放产品的需求、测试以及发布的要点和进程，使之完全展示在粉丝面前，这样粉丝才有机会提出自己的意见。在这个开放过程中，社群和粉丝双方都会获益，社群根据粉丝的意见不断迭代完善产品，粉丝也可以享受到自己想要的功能和产品，进一步提升对社群体验的满意度。

优先处理浮出水面的需求和改进意见

对于一个人气社群来说，在面对数以千计的粉丝提交需求和改进意见时，如何排序这些海量的需求和意见的优先等级呢？最有效的一个方法就是优先处理浮出水面的需求和建议，在第一时间内公布需求改进计划，回应粉丝最迫切得到结果的需求和建议。而那些中长期的需求和建议则可以适当延后处理。这样的排序处理，可以最大限度地提升粉丝的体验满意度。

图 6-16　"米柚"经常邀请粉丝体验新产品功能

6.5 为粉丝带来极佳的过程体验

一个社群想要提升粉丝的体验满意度，还可以在过程上下功夫。假如社群能够为粉丝带来极佳的过程体验，提供美好的过程愉悦性的话，那么这个社群留给粉丝的好印象就会直线上升，就会快速地获得粉丝的"信任背书"，获得更多的推荐。

那么，对一个社群来说，可以通过哪些途径和方法来提升粉丝的过程体验满意度呢？

保持沟通渠道的顺畅，及时回应粉丝的咨询

一个舒畅的体验过程离不开顺畅的沟通协调，假如沟通不顺畅，则很难

想象社群能够为粉丝带来最佳的过程体验。因为没有顺畅的沟通，社群就了解不到粉丝的需求，掌握不了粉丝的实时体验感受，也就不能根据实际情况进行及时的调整，做出相应的改善。

所以，社群管理人员应该坚持 24 小时在线，让粉丝能够随时联系到社群，于第一时间倾听粉丝在体验中遇到的问题，快速做出回应。这样一来，粉丝的体验过程才会变得更加顺畅完美，社群才能最大限度地提升粉丝的体验满意度。

最大限度地满足粉丝需求

"疯蜜"是一个专注于"美少妇"的社群电商平台。这个社群能够最大限度地满足女性粉丝的需求，特别是那些经济能力强、拥有独立个性思想、对生活质量有高标准需求的女性，都可以在"疯蜜"中找到自己所需要的一切信息以及满足需求的方法。

在"疯蜜"中，大家线上交友，线下"疯窝"开展聚会，并且根据粉丝的兴趣爱好以及工作领域的不同，举办各种各样的聚会，最大限度地满足粉丝的需求，让大家能够各取所需，最大限度地提升粉丝的体验满意度。

图 6-17　"疯蜜"社群官微

娱乐是最好的体验

人人都喜欢娱乐，所以一个社群想要为粉丝带来极佳的体验过程，就必须在娱乐上做文章，可提供一些娱乐性的内容，让粉丝能够在社群中享受到尽可能多的乐趣。

第七章

口碑：点赞有多少，社群有多高

很多人觉得社群不需要口碑，其实不然。社群作为一个粉丝聚集的家园，需要提供有用的信息、温馨的氛围、愉悦的体验，不然就不可能吸引住粉丝，更不用谈什么发展和壮大了。有用的信息、温馨的氛围、愉悦的体验，这些对一个社群而言，都是好口碑的具体展示，有了这些，社群才能获得粉丝的狂热点赞，才能吸引新粉丝、维系老粉丝，才能不断地发展和壮大。

也就是说，社群口碑的好坏代表了社群在粉丝中的形象的好坏，决定了社群现在和将来发展的高度。所以，在社群运行中，管理者必须积极进行口碑营销，不仅要营造和维护社群良好的口碑，还要积极地传播社群的良好口碑。

7.1 口碑，其实是粉丝的一种需求

粉丝需求口碑在本质上其实是对良好的产品、服务以及信任等稀缺资源的本能渴求。社群对于粉丝而言就如同一个产品，社群口碑良好，就意味着社群产品体系粉丝体验满意度高，社群服务到位，有诚信。试想一下，这样的社群哪个粉丝会不喜欢呢？

口碑好代表着社群产品棒

对大部分粉丝而言，之所以加入一个社群，很大一部分原因在于这个社群的产品可以满足自己的需求。社群口碑好，则意味着这个社群所提供的产品比同类型的社群产品质量要更佳。如此一来，有好口碑的社群就更容易吸引粉丝加入，更易获得粉丝的信任，甚至成为粉丝心目中的第一选择。

"疯蜜"成立之初，就凭借着出色的产品迅速积累起了口碑，成功吸引了 100 名社会知名女星成为种子成员，其中包括"80 后"网络绘本漫画家粥悦悦、拥有数百万粉丝的网络人气作家 Ayawawa 等知名女性。正是凭借着这样的口碑，"疯蜜"快速获得了粉丝的认可，在两个月内从 1 个群扩张到 10 个群，吸引了大批商界精英女性加入。

《活出自己》12女主角招募正式启动！

2015-08-21 疯蜜

/ 《活出自己》是什么 /

《活出自己》是疯蜜在2015年上半年发起的一本用户自主众筹书籍。

图 7-1　"疯蜜"推出的《活出自己》拥有良好口碑

好口碑代表优质的服务

对粉丝而言，参与社群除了享受社群产品满足需求外，还存在服务方面的考虑。口碑良好的社群，在服务上也会尽心尽力，能提供优质的服务，特别是在售后服务方面，让粉丝没有后顾之忧。基于此，口碑良好的社群对粉丝的吸引力就会大大增加。

图 7-2 《创业邦》杂志官微

图 7-3 "江小白"
因为好口碑而被大家信任

口碑是获得信任的"通行证"

现代社会，信任是一种稀缺"资源"，人们对信任的需求是非常迫切的。而口碑则是信任的一种"符号"，是获得信任的"通行证"。当一个社群拥有良好的口碑时，其在粉丝心中就越值得信任——不管是交友还是购买产品，都可以放心大胆地进行。在这样的社群中，粉丝可以放开被防范思想束缚的心灵，大胆愉悦地做自己想做的事情。

7.2 获得好口碑是门技术活

当一个社群拥有良好的口碑后，其对粉丝的吸引力就会成倍增加，不仅会获得大量的新粉丝，还会获得众多粉丝的"信任背书"，他们会自发主动地推广社群。这样一来，社群的影响力势必会大幅提升。所以对社群而言，想要发展壮大，良好的口碑是必需的。

但是想要获得好口碑，并不是件容易的事情，特别是对一个社群而言，绝非一朝一夕就可以实现的。口碑获得是一门技术活，方法对了，再加上良好的产品和服务，日复一日地积累下来，口碑自然就有了。那么，一个社群想要获得好口碑，需要怎样的"技术"呢？

7.2.1 服务要有保证

对社群而言，服务是一项具有长期性、细致性特点的工作，通过提升服务的细节能够表现出社群对粉丝的关怀——服务不仅包括物质方面的，还包括心理和精神方面的。做好服务是一个长期的过程，只有让粉丝心服口服，才能真正赢得粉丝的心。为此，社群不仅要为粉丝提供最周到的全程式服务，以期获得粉丝的肯定，还要通过增值服务、差异化服务、创新式服务等形式来争取更多的粉丝，最大限度地赢得口碑。

图 7-4　小米公司"为你服务"版块

服务是获得口碑的保证

现阶段，各种各样的社群开始出现在人们眼前，很多社群产品同质化严重、质量相近，导致吸引力下降，很难吸引足够多的粉丝加入。在这种情况下，服务也就成了社群吸引粉丝的最大利器，哪个社群能够将服务做出特色、做出口碑，哪个社群就能最大限度地吸引粉丝，提升粉丝的体验满意度。

在细节上做文章

社群之于粉丝，有着各种各样的服务内容，其中的细节也是千差万别，但是总体来说我们可以用时间段进行分类：售前服务、售中服务、售后服务。对社群管理人员来说，售前服务必须要积极，售中服务需要周全，而售后服务则需要积极主动，快速解决问题。这三个服务在细节上是相辅相成、缺一不可的。社区如能做好这些服务细节，一直等到良好的服务形成体系之后，良好的口碑自然也就在粉丝群体中形成了。

图7-5　小米社区在服务细节上做足了文章

注意服务的创新性

对一个社群而言，恰当而有创新性的服务方式是必需的，它不仅能够创造出社会价值，让粉丝满意，而且还会在粉丝心目中留下深刻的印象，使得整个社群的形象更加深入人心。更重要的是，"意外的惊喜"能够很好地为社群树立起口碑，而"深刻的印象"也能够保持社群口碑在粉丝心目中持久有效。

所以，社群需要在服务方式上保持创新性，利用与众不同的服务方式创造社会新闻价值，给粉丝带来一个又一个的"惊喜"和"满意"，最大限度地提升粉丝的体验满意度，以此快速树立起良好的口碑。

7.2.2 与自身品牌相结合

社群在做口碑的时候，除了要从服务上入手最大限度地提升服务之外，还需要将口碑和自身的品牌结合在一起，让粉丝在提起社群时就和"好""棒"之类的词语联系在一起，一提起社群，第一时间想到的就是你的社群名称。

所以，将口碑和社群自身品牌结合在一起，会让社群在粉丝心目中的地位变得更加重要，获得更高的认同感，使得社群名称始终处于粉丝"社群"认知的最前沿。那么在具体的社群运营中，怎样才能将口碑和自身品牌较好地结合在一起呢？

紧紧围绕目标人群开展品牌活动

对一个社群而言，总会存在着主要的服务人群，不管是推出的产品还是开展的服务，都会围绕着目标人群开发、设计和推广。基于此，在树立口碑的过程中，社群管理层在营销口碑时也应该围绕着社群目标人群开展品牌活动，推广品牌理念。这样一来，社群的品牌才能迅速深入到社群目标人群中，增强影响力，树立起良好的口碑形象。

"妳的"作为一个服务女性粉丝的社群，其开展的品牌活动都紧紧围绕着"女性"一词，力求通过各种适合女性粉丝参与的品牌产品，提升女性的生活品质，营造一种更加

9月18日、19日、20日，"妳的"×"蜜密"只为"妳的"会员推出特别订制超值套餐。

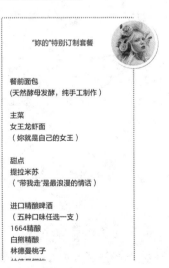

图7-6　"妳的"
专注女性生活品质话题

高端、有情趣的幸福生活方式。而这种紧紧围绕目标人群开展品牌活动的做法，也让"妳的"获得了庞大的粉丝数量，快速在女性群体中树立起了良好的口碑。

做强做好社群文化

一个社群，想要将自身品牌和口碑结合在一起，令两者水乳交融，就必须在社群文化上下功夫夫，不仅要做好产品和服务，还应使之升华为一种管理和服务理念，深入到粉丝内心。如此，企业的品牌才会在粉丝心中留下难以磨灭的印记，会在粉丝选择社群时，第一时间出现在他们的脑海中。

"妳的"从建立伊始就秉持"突破"和"丰富"的文化理念，向广大女性粉丝灌输女性的自我突破和丰富自己的精致生活。这种着眼于女性情感的社群文化，使得"妳的"所推出的产品和服务深受广大白领女性的喜爱。"妳的"文化精髓在于它赋予了女人更多选择自己生活方式的权利，帮助她们通过体验精致、高品质、多样的生活方式，打破曾经单一的生活状态，从而在身心上获得自由，拥抱幸福。

图 7-7 "妳的"
一直注重营造良好的社群文化

7.2.3 口碑要正面

口碑拥有巨大的传播力量是毋庸置疑的，它直接关乎着社群的品牌形象和粉丝数量。只有当粉丝体验到良好的品质，才会自发地为社群做宣传，才能让自身对社群美好的体验感受传播开来，影响更多的人。同样的道理，负面的传播将会影响社群的声誉，严重的时候甚至会沉重地挤压社群的生存空间，截断社群发展的未来。

正所谓"水能载舟，亦能覆舟"，社群在树立口碑的过程中，一定要将口碑正面化，快速树立起良好的口碑，而不是任由负面口碑滋生。

正面口碑拥有巨大的传播能量

正面的口碑可以让社群发掘潜在的粉丝，并且依靠粉丝之间的信息传递营造品牌忠诚度，提升社群产品价值。对一个社群而言，其品牌有两层含义，一是社群产品品牌；二是信誉产品。对社群而言，产品品牌是有形的，是真实存在的，是品牌的基础；而后者虽然从表面上看起来无形无迹，但却是粉丝广泛认同的结果。

也就是说，社群正面口碑的力量在于其传达了粉丝对于社群某个品牌品质核心价值的理解，特别是粉丝在"用户体验"方面的高满意度。于是，拥有良好口碑的社群更易成为粉丝口口相传的话题，其影响力也会呈几何级增长。

路漫漫其修远兮，吾将上下而求索。K友汇已经走过两个华年，在质疑与坚持中，目前K友汇确实形成了自己独有城市综合体系。在社群商业

图 7-8 "K 友汇"
凭借良好的口碑获得了巨大成功

正面口碑的力量还表现在它的联想力

人们一提到电子商务平台，首先想到的就是"淘宝""京东""苏宁易购"；一提到 Sun 公司，就会想到"Java""网络就是计算机"；一提到 Dell，就会联想到"直销模式"……这些其实就是口碑联想力量的具体表现，不管是从行业到个体方向，还是由个体到核心方向，在提到前者的时候，人们就会自然而然地想到后者。

具体到社群，一提到"正和岛"，人们就会联想到"高端社交"，一提到"关爱八卦成长协会"，就会联想到"明星八卦"等。正面的口碑给予社群的是在人们关键词联想过程中的首位度，保证社群的第一"曝光权"。

图 7-9 "正和岛"
已经成为获取高端社交的"首选"

7.3 信用，是最好的传播方式

正所谓人无信则不立，不管是在生活中还是在工作中，有信用的人更容易交到朋友，更容易走进别人的内心。同样的道理，一个社群只有拥有良好的信用才能得到粉丝的认可，才会最大限度地拓展粉丝群体，从而发展壮大起来。

在互联网快速发展的大背景下，对社群而言，信用的积累远远难于财富的积累。一个信用满满的社群，在粉丝心目中的号召力可想而知，它可以轻易将这种号召力转化为财富；相反，财富却不能买来信用。

7.3.1 用真诚赢得粉丝的口碑

粉丝的眼睛是雪亮的，特别是在信息爆炸的现代社会，人们变得越来越聪明，而一个社群能不能真诚地对待粉丝，是否对产品、服务有责任感，都能被粉丝清晰地感知到。而且，一旦社群在粉丝心目中形成一致的印象，便会形成一种口碑效应，通过口口相传或者各种社交平台快速传播开来。

在粉丝心目中树立起诚信形象

粉丝之于社群而言无疑是上帝，粉丝对社群的态度和喜好会直接影响社群的发展。社群管理者必须明白这一点——粉丝就是上帝，当上帝信任并喜爱你的时候，你才会成功；而当你被上帝所遗弃的时候，你也就很难获得成功女神的青睐了。

"K友汇"对待粉丝的态度是真诚的，它不是仅限于部分产品的推广和应用层面。在"K友汇"，粉丝可以获得自己想要的资讯，可以编织丰厚的社交网络，甚至到了一个陌生的城市，也能受到当地"K友"的热情接待。"K友汇"的管理层对粉丝更是真诚以待，视粉丝如家人。正是这样的真诚表现，使得"K

图 7-10　"K 友汇"真诚对待粉丝

友汇"在粉丝心中快速树立起了诚信形象，获得了粉丝的信任。

在活动中展示真诚

俗话说得好，"听其言观其行"，一个人话说得再好，不行动，或者不积极行动，也不会获得别人的信任。同样的道理，一个社群假如在具体的行动中展示不出真诚，不能向粉丝提供优质的产品和服务，不能组织高品质的线下活动，让消费者得到实实在在的收获，那么即使它说得再真诚，也经不起粉丝的推敲，终有落败的一天。

K友汇联合全国百强社群，成功举办2015中国首届社群节！

2015-09-14 K友汇

"K友汇"就特别注重在线下活动中面向粉丝展示真诚。"K友汇"致力于为粉丝举办高端、精致的线下活动，力求粉丝能够在这些活动中结识更多的朋友，编织更高端的社交网络。为此，"K友汇"于2015年联合全国百强社群，成

9月12日，由K友汇、三生社群、兑兑碰主办的2015中国首届社群节暨K友汇2周年兑兑碰机遇盛典在北京拉菲特城堡酒店成功举办，大会规模盛大、意义深远！K友汇创始人管鹏携手众多互联网领域大佬、全国各地社群领袖、全国各地K友汇负责人以及来自各地的企业家领袖和创业精英，在千人大会现场揭幕全国百强社群，和这个时代的社群粉丝一同见证了，社群未来的发展模式与希望。

图7-11 "K友汇"举办中国首届社群节

功举办了中国首届社群节，为广大粉丝奉献了一场高品质的节日大礼。正是因为"K友汇"尽心尽力办活动的真诚，赢得了粉丝的信任，使得"K友汇"迅速在粉丝心目中树立起了良好的口碑。

7.3.2 说到就要做到

衡量一个人是否诚信最重要的指标就是能否兑现诺言，能不能言行如一。同样的道理，粉丝衡量一个社群是否诚信、值不值得信任，主要还是看这个

社群能不能兑现承诺，言行是否一致。

所以社群在运行的时候，要特别注意承诺，在承诺之前要首先想一想自身是否有实力兑现，兑现不了就不要轻易向粉丝承诺。社群管理层切忌出于营销目的而向粉丝承诺一些虚无缥缈的东西，事后却又兑现不了。

承诺了就要兑现

对一个社群而言，假如失去了粉丝最基本的信任，那么这个社群也就缺少了足够的凝聚力，最终成为一盘散沙，没有任何的发展潜力。而想要获得粉丝的信任，社群首先要做到的就是恪守承诺，兑现诺言，这样在粉丝的眼中，社群的每一件产品、每一种服务、每一次活动才都值得信赖。

小米公司成立两周年时，公司认为公司成功的核心因素来自于粉丝的支持，于是便在米柚、小米社区做出承诺，将小米公司的成立庆典定义为一年一度的"米粉节"，做活动回赠用户，和粉丝同乐。为了兑现承诺，小米公司在每年的"米粉节"期间，都会推出各种回馈粉丝的活动，返利于粉丝，让粉丝在活动中获得实际利益。

#米粉节#大回馈，小米五周年庆现金券使用说明！

2015-04-03 MIUI米柚

小米不知不觉已经五周岁了，每年小米公司都会举办一场属于米粉的节日"米粉节"。而今年的4月8日的米粉节，小米为广大米粉用户提供了各式各样的现金券。那或许就会有米粉朋友问我怎样领取现金券，我领取了现金券怎么使用呢？不用着急，下面我就来教大家怎样领取及使用现金券。

一、现金券FAQ

Q.米粉节现金券有哪些？

米粉节活动的现金券有以下几种：

5元配件现金券、10元配件现金券、50元配件现金券、100元配件现金券、配件包邮券（价值10元）、

图 7-12 "米柚"
发布现金券使用说明

在快乐的气氛中兑现承诺

对社群而言，不仅应当兑现承诺，而且还应该在快乐的气氛中兑现承诺，这样才能达到"锦上添花"的效果。让粉丝在欢快愉悦的气氛中享受社

群提供的产品和服务，可以最大限度地发掘粉丝对社群的信任感。假如社群在兑现承诺的时候很不情愿，或者平平淡淡，那么这种诚信行为转为粉丝信任的概率就会下降，对社群树立口碑而言无疑是巨大的损失。

"米柚"兑现承诺的方式就非常快乐，其专门设置了"名人堂"版块，用来兑现承诺——社群将给予互动积极分子最大的荣誉。这个版块的设置对入选的粉丝来说是莫大的荣誉，其最大限度地激发了粉丝参与社群活动的积极性。"名人堂"版块的设置，使得"米柚"在欢快的氛围中兑现了承诺，在自身和粉丝之间建立起了信任的桥梁。

图 7-13 "米柚"
名人堂为粉丝带来了荣誉和快乐

7.4 粉丝说好才是真的好

一家企业信誉如何，消费者最有发言权，同样的道理，一个社群好不好，粉丝说了才算。也就是说，社群口碑的好坏并不是社群本身可以"一锤定音"的，而是由无数的粉丝在长期的参与和体验中慢慢形成的统一认知。所以，社群想要快速在粉丝中树立起口碑，就必须要想方设法让粉丝说好，让粉丝主动推荐，如此，社群才会在粉丝心中留下好的、正面的形象，并且最大限度地传播出去。

粉丝说好，才会进行"信任背书"

一个社群，粉丝说好，一个最重要的
体现就是可以获得粉丝的"信任背书"。
所谓"信任背书"，是指粉丝在信任的基
础上向身边的亲友以及认识的人进行推荐，
使得某个品牌快速得到口碑传播。当一个
社群被粉丝认可之后，这个社群的粉丝就
会自发向别人推荐社群，从而使得该社群
的影响力快速扩展，并在更多的人心目中
建立起信任感。

每个粉丝都是明星

怎样才能让粉丝说好？对社群而言，除
了要在产品和服务上下功夫之外，还应认真
对待每个粉丝，将他们都当成明星来对待。
特别是在做线下活动时，坚持让粉丝全程参

图7-14　"妳的"
将粉丝包装成明星

与的原则，不管是活动城市选择还是会场布置、节目设置和演出，都需要粉丝
充分参与进去。在这个过程中，每个粉丝都是明星，都可以充分展示自己的才能。
这样一来，粉丝充分地参与到社群活动中，有了主人翁和明星意识，其对社群
就会更加认同和喜爱了。

粉丝信赖的力量是无穷的

粉丝说好，不仅仅只是对社群口头上的支持，还会有实际行动上的支持。
一旦社群获得了粉丝的信赖，就会和粉丝之间搭建起情感上的桥梁，将粉丝
口中的"好"变为对社群的实际支持力量。

2014 年，小米在珠海举办"米粉节"线下活动，组织人员因为暴雨延误了航班，未能及时赶到珠海。但令人欣慰的是，在组织人员赶到珠海之前，活动现场就已经提前搭建好了。这幕后的英雄就是"米柚"在珠海当地的粉丝志愿者，他们在组织者候机的过程中，通过电话协同完成了会场的搭建。由此可见，粉丝的认同可以让他们自发地帮助社群，让社群变得更加有活力。

7.5 在用户评价中制造口碑

自古以来，评论一直和口碑有着密切的关联，"人言可畏""众口铄金"等成语都展示着评论中产生的口碑对人们生活的深刻影响。具体到社群，通过用户的评价也能制造出口碑，并且因为社群评论的开放性，使得这种在评论中产生的口碑变得更易传播，影响力更大。

那么一个社群需要怎样去做，才能在用户评论中制造良好的口碑呢？

设置评论互动的话题

对社群而言，想要在用户评论中制造口碑，首先要培养用户评论的习惯。只有用户习惯于评论，写下自己的想法、使用感受，社群才有机会在评论中制造出口碑。想达到这个目的，最好的方法就是设置评论互动话题，引导大家踊跃参与，积极发言。当用户日积月累，习惯了这种评论氛围后，社群就有了制造良好口碑的机会。

"江小白"就在教师节到来之际发起了一个名为"你的老师有什么口头禅"的评论互动话题（图 7-15），在粉丝群体中引起了极大的反响，吸引了众多粉丝的参与（图 7-16）。通过的这样的评论互动，"江小白"成功地带动起了粉丝参与的积极性，让大家慢慢习惯了这种氛围，养成了每天都登录评论的习惯，将"江小白"品牌烙印在粉丝的内心深处。

【评论互动】你的老师有什么口头禅？

2015-09-09 江小白

图7-15 "江小白"
推出评论互动话题

小白哥 👍 69
【评论有奖】凡评论最终进入精选评论
展示的，都将获赠江小白土豪金版纪念
酒一瓶。另，点赞数最高者，还将获赠
江小白铁盒装一份。评选截止时
间 2015 年 9 月 18 日。
9月9日

Active Mr J 👍 65
老师：上课 班长：起立 同学们：老师
好！
9月9日

❙作者回复
很有画面感
9月9日

iszhangtt 👍 42
我就耽误大家一分钟……这道题是送分
的……体育老师病了，这堂课我来带……
9月9日

图7-16 粉丝积极进行
评论互动

设置正面话题，引导用户进行正面评论

对社群而言，用户有了评论的习惯，但因为数量众多，他们对社群提供的产品、服务、话题的评论也不可能都是一致的，有正面的赞美，肯定也有负面的贬低。这时社群可以在话题设置上进行"创新"，设置一些比较正面的话题，挤压用户进行负面评论的空间，这样就能很好地引导用户正面认知社群品牌，传递社群口碑。

"江小白"就很擅长设置正面话题，在用户的正面评论中树立起良好的口碑。比如其发起的"帮江小白想新语录"话题（图7-17），就在用户评论中获得了良好的口碑——大家针对"江小白"的特色和优点，踊跃留言，将"江小白"的魅力充分地展示出来（图7-18）。

帮江小白想新语录

2015-09-03 江小白

图 7-17　"江小白"推出的正面话题

图 7-18　粉丝的评论都带有正能量

要及时"稀释"负面评论

针对负面的评论，社群则需要了解问题、解决问题，化解用户的不满，在沟通和服务中进行"口碑引导"，化解这部分人对社群的不满情绪，甚至将之逆转，变贬低为赞赏。社群可以做出明确的相关产品问题的赔偿承诺，这样就会最大限度地引导用户在遇到问题时选择向社群投诉，也就更方便社群解决问题。当用户对社群的处理结果满意时，其传播负面信息的行为也自然会停止，还有可能会向其他人推荐这个社群。

第八章

平台：傍准"大腕"，粉丝自然来

对社群而言，粉丝是最宝贵的财富，粉丝多了，社群的发展潜力也就更大了。而一个社群选择什么样的平台，则直接影响到了社群粉丝数量的多少，特别是在移动互联网高速发展的今天，一些大的社交平台用户基数庞大，在聚集粉丝数量方面有着无与伦比的优势。社群只要傍准"大腕"，再配合好的产品和服务，粉丝自然就会源源不断。假如一个社群在平台的选择上偏离轨迹，那么即使这个社群产品再优秀、服务再到位，也很难快速聚集起大量的粉丝。

所以对社群而言，平台的选择绝对是非常重要的议题，平台选得好，社群的生命力才会旺盛。那么一个社群应该优先选择哪些平台呢？

8.1 微信，一种新的社群模式

有调查显示，至今微信用户已经突破 7 亿，其海外用户也达到了 1 亿，微信公众账号的用户更达到 200 万之多。这几组数字告诉我们，在"互联网＋"时代，微信的力量非常庞大，微信的影响力不可轻视。据不完全统计，互联网用户中有 90％ 是移动端用户，越来越多的人离不开微信，特别是在社交应用上，微信已经成为人们的第一选择。

微信不仅是一种聊天工具，更是一种生活方式。突然之间，我们的生活被智能手机所改变，每天早晨醒来你做的第一件事或许就是拿起手机，每天晚上睡觉之前你做的最后一件事是放下手机，而这些"低头族"在手机上查看的第一个 APP 往往就是微信。可以说，微信已经渐渐演变为一种新的社群模式，并且深深地渗透人们生活的方方面面。

永不褪色的朋友圈

移动微时代，当我们想念一个朋友时，打电话或发短信已不是首选，而是默默地点开微信看他的朋友圈。当我们的拜年电话变成了图文并茂的拜年微信传递祝福的时候；当我们年迈的父母也学会用微信，戴上老花镜慢慢按着手机屏幕，并开始学着在朋友圈给我们留言的时候……微信朋友圈其实已经演变成了一个社群，它牵连着我们的亲情、爱情、友情，让我们无论何时何地，都能从中找到我们想要的东西。

其实朋友圈也孕育了商机，圆了很多人

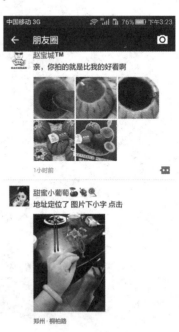

图 8-1　朋友圈孕育着巨大商机

的创业梦想，成就了一个又一个微店传奇。微信出现之后，一些精明的商家开始在微信朋友圈中做起了熟人生意，从水果、大米、鸡蛋到服饰、美容、健身产品以及电视、电脑产品……一开始，很多人觉得这样做会让朋友之间的关系变得比较尴尬，甚至会让彼此之间的关系变冷。但是实践证明，假如你的营销讲究技巧，在朋友圈营销产品不仅不会伤害到朋友间的关系，还能让你借助朋友间的信任迅速打开销路，赚取第一桶金。

微信公众号，汇聚众多粉丝

微信公众号相当于在微信里面做"信息推送"，当用户订阅了你的公众号，就会被动地接受你发送的信息。而且用户对你推送的信息不会心生厌恶，因为他们关注你的目的就在于接受资讯，是自愿的，这样你便能借助微信公共平台实现精准营销。微信公众号的诞生，让大家第一次有了真实感受移动互联网的机会。很多人一直都想抓住移动互联网出现后带来的商机，但是却一直找不到门路。微信公共平台的诞生，让大家可以很轻松地实现自己移动互联网平台的梦想。可以说，微信公众号是一种

图 8-2 "江小白"拥有
众多粉丝

"一对多"的社群，关注的人越多，这个社群的影响力就越大。

8.2 微博，一个粉丝一个社群

在这个消息爆炸的移动互联网时代，每个人都是信息的接受者，同时也是信息的发布者和传播者。在众多的信息发布和传播平台中，微博出现的时

间比较早，用户基数庞大，已经随着移动互联网技术的发展渗透到人们的生活中。不管一个人的年龄、知识结构和社会地位如何，都能在微博上发表信息，表达自己的情感。基于此，将微博作为社群平台，可以更好地传播声音，获得关注。

一个粉丝一个社群

微博的转发赋予了它无与伦比的魅力——当我们在微博上发布的信息或者话题被别人转发的时候，即使仅仅被转发了一次，我们也会收获一个社群中所有粉丝的关注。为什么这么说呢？因为任何一个人的微博都有关注他的粉丝，当我们的信息被别人转发，就意味着那个人的粉丝都可能会看到，也就是说，一个人转发了我们的微博，就可能有成千上万的人参与进来，形成一个新的社群。

图 8-3　一个粉丝一个社群

微博达人助力社群"吸粉"

正所谓有人的地方就有信息，有信息的地方就会出现"权威"。随着一些社会名人和"达人""大 V"的进驻，微博渐渐成为最大的言论爆发地，各种"独家"消息从微博传往各处，影响着社会的方方面面。

当社群和这些微博"达人""大 V"达成合作关系，或者社群本身就培养有微博"达人""大 V"的话，就会为社群带来大量的粉丝，引发强烈的关注。这样一来，社群的人气必然会快速提升，影响力也就变得越来越大。

微博最易制造"引爆点"

社群最钟情的无疑是各种"引爆点"，诸如娱乐、名人、产品、服务等。

这些"引爆点"的可贵之处就在于它们能够最大限度地放大社群的吸引力，引来最大限度的关注，吸引更多的粉丝。而微博则是各种消息、新闻的"发源地"，只要社群运用得当，就很容易制造出"引爆点"，继而吸引更多粉丝的关注。

8.3 QQ，我的社群永不过时

QQ是目前人们使用最广泛的交际沟通软件平台，虽然随着微信的快速发展，QQ使用人数有逐渐下降的趋势，但是作为最早出现的社交平台，其积累下来的用户数量还是非常庞大的。假如社群能够借助QQ这一社交平台传递产品信息和服务理念，招募粉丝，推广线下活动，那么借助QQ庞大的用户基数，社群必将在短时间内引发广泛的关注，快速地树立起口碑，继而获得大量的粉丝关注。

QQ空间，年轻人的最爱

QQ空间作为QQ的一个重要功能，是腾讯公司于2005年开发出来的一个具有个性的空间，它具有博客的功能，自从问世以来，就受到很多人的喜爱，特别是在年轻人群体中有着超高的人气。在QQ空间中，可以书写日志，也可以写一下说说，上传个人图片，听音乐、写心情，通过各种各样的方式展示自己。而对于社群来说，QQ空间利用得好也是一个不错的发展阵地，特别是将年轻人定位为目标人群的社群，在QQ空间将大有可为。

通过分享、签到、点赞等互动方式，建立在QQ空间内的社群可以更有效地引爆信息点，最大限度地吸引粉丝。在QQ空间社群领域做得最好的无疑是小米科技，其不但依托QQ空间进行了两次成功的新产品发售活动，而且还依托自身独特的产品和服务吸引了大批粉丝的关注——截至本书成稿时，粉丝关注数量已经达到了 2898.2 万。

图 8-4　"小米手机"的 QQ 空间

QQ 群，简单而不简略

QQ 群是腾讯公司推出的多人聊天交流的一个公众平台，群主在创建社群之后，就可以邀请朋友或者有共同兴趣爱好的人加入社群，一起聊天，关注某个话题。当然，除了聊天之外，QQ 群还有群空间服务，在群空间中，用户可以使用群 BBS、相册、共享文件、群视频等方式进行交流。假如以 QQ 群作为基础建立一个社群的话，步骤非常简单，但是所能提供给粉丝的服务却并不会因此而打折扣。

8.4 社区，"天涯"有多大，社群就有多大

社区相对于微信、微博、QQ 而言虽然比较"古老"，但是其生命力却非常旺盛，它仍然是网民们最爱闲逛的"场所"，因此在网民心中有着巨大

的影响力。假如一个社群能够以社区为"基地"开展各种活动，那么依托社区庞大的网民基数，在社群运行得当的前提下，就能快速提升关注度，并获得大量的粉丝。

社区，让社群"无边无际"

社区是面向所有网民的，它不受地域、产品定位、服务对象的限制，内容也是包罗万象，网民在社区内既能找到愉悦的项目，也能找到对生活和工作有用的内容，诸如产品信息、服务途径等。这就决定了社区的"无边界"性，使其拥有庞大的网民基数。

以天涯社区为例，其中包括"聚焦""民生""人文""舆情""财经""时尚""情感""娱乐""图片""亲子"等版块，可谓包罗万象，各种内容应有尽有。这样一来，天涯社区本身也就成了一个无边界的大社群，让所有的人都能在这里找到自己想要的东西，展示自己想要展示的，表达自己想要表达的，因此，天涯社区成了众多人在网络世界中的家园，拥有庞大的粉丝基数。

图 8-5　天涯社区

社区就是一个俱乐部

社区，相对于微信和微博，其内容可以是专题结集，比较适合深度内容的传播，比如介绍手机刷机方法、照相技巧等教程，也可以系统地分享文化、旅游等方面的心得和经验。这样，社区的内容就会更丰富、更详尽，还更富有探讨性。

社区的形式类似于现实社会中的俱乐部，每个人都可以在其中找到自己的乐趣，探讨感兴趣的话题。正是基于这一点，社区才会积累起庞大的粉丝基数，成为大家热衷的网络休闲聚集地。

一个帖子激起一片涟漪

用户登录社区之后，即可以在自己感兴趣的版块内发帖，谈论自己的产品和服务，提出自己喜欢的话题，吸引兴趣相同的人参与进来。对社区而言，一个帖子就可以演化为一个小小的社群，只要话题有吸引力，就会让很多人参与进去，积极地表达自己的看法。

在天涯社区，由于粉丝数量庞大，关注者众多，所以一个热门帖子下往往可以积累数千甚至是数万条回复，因此诞生了许多热门帖。在天涯社区的一个帖子可以聚集起很大的人气，形成一个社群，引发粉丝的关注，甚至在一定程度上左右舆论的走向，形成巨大的社会影响力。

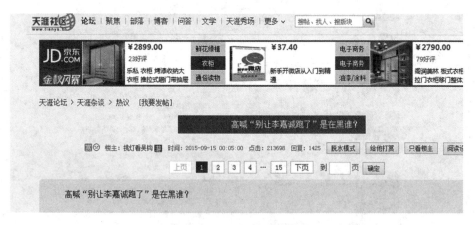

图 8-6　天涯社区的热门帖

8.5 APP，手机上扎堆着一个个小社群

随着移动互联网时代的到来以及智能手机的普及，手机上各种 APP 越装越多，之前默默无闻的 APP 开始攻城掠地，渗透进人们生活的方方面面。为什么先前默默无闻的 APP 一下子就成了炙手可热的宝贝呢？

其实这种变化很好理解，随着人们生活习惯和消费观念的改变，用户越来越愿意为特定的场景解决方案买单，这样的需求促使企业必须提供更加垂直、细分的解决方案。企业正是了解到用户的这种需求，将这些解决方案完整地移到互联网中，而智能手机上的 APP 无疑成了最适合的承载体。这样一来，诸如打车、航班、摄影、旅行、小区、美容、健身、美甲等各类手机 APP 社群也就应运而生了。

APP 让社群更加细分化

建立在 APP 上的社群，更注重实际场景的构建。这些社群大多都是基于现实生活，多在 O2O 领域，是互联网进一步下沉的体现。在手机 APP 上建立起来的社群就是以此为切入点，它们主要解决人们在生活中的某种需求，比如"河狸家"为用户解决美甲需求，"爱大厨"为用户提供厨师上门服务等。

可以说一个 APP 就是一个应用场景，其功能非常细分。而各种有相似需求的用户在 APP 上也就聚集成一个社群，形成

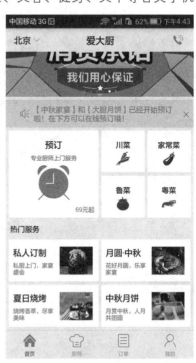

图 8-7 "爱大厨"手机 APP

了一个需求共同体，彼此之间交换信息，探讨兴趣爱好。

APP 让社群生态更丰富

新生的手机 APP 因为基于场景而生，而现实生活中的各个场景必定又会存在着人的踪迹，所以和之前的 APP 相比，新生的手机 APP 更加注重以人为核心的社群生态营造，从而使得在其基础上建立起来的社群更有活力，更具人气。

APP 上的社群更注重产品上社会关系的构建，而不只是产品本身。也就是说，APP 上的社群是一个围绕人生成的社群，场景也就是产品和社群。这种围绕着人建立起来的社群往往会产生更大的共享价值，使得其形态更加丰富，也更容易获得粉丝的青睐。

图 8-8　"爱大厨" APP 上的厨艺文章

第九章

赢利：我的新技能，赚钱、赚钱、再赚钱

一切商业活动的最终目的还是赢利，力求获得最高的收益。具体到社群，在做好了体验、营造好平台、创建了口碑、吸引了大量的粉丝加入之后，就有了赢利的基础。在很多人的印象中，都觉得社群只是一个谈天说地的平台，不可能成为日进斗金的"摇钱树"。其实不然，假如我们开发得好，找到能够让粉丝心甘情愿掏钱的领域和方法，社群赢利其实也很简单。

9.1 VIP 模式

社群想要赢利，最有效的一个方式就是开展 VIP 服务，用高质量的产品和服务吸引粉丝付费，以获得更高的权限，享受更加精致化的产品和服务功能。社群开展 VIP 服务不仅有利于提升自身的定位、品质，还能借此获得更多的金钱资源，继而更好地补充实力，进一步发展壮大。

很多社群为了最大限度吸引粉丝加入，往往会采取免费的模式，但是从增加社群收益角度上来看，在粉丝数量达到一定规模的时候，社群就需要发展相应的付费用户，以此来获得收益。那么，社群怎样才能让粉丝成为付费用户呢？

提供足够丰厚的权益

社群想要尽可能地将免费用户升级为付费用户，首先必须展示出付费用户所能享受到的丰厚权益，而且这种权益越多、越特别，社群就越能吸引粉丝关注，越能引发他们付费的热情。所以，社群在发展 VIP 成员时，需要首先展示其相对于免费用户所享有

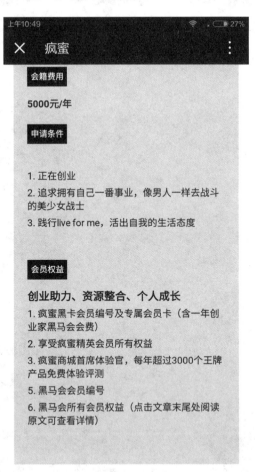

图 9-1　"疯蜜" VIP 会员所享受到的权益

的"特权"。

"疯蜜"为了最大限度地吸引付费用户关注，从一开始就设置了丰厚的权益：享受"疯蜜"黑卡会员编号及专属会员卡；成为"疯蜜商城"首席体验官，每年超过 3000 个王牌产品免费体验评测；拥有黑马会会员编号，享受黑马会会员所有权益。如此多的特权，对想要提升自身生活质量的女性来说，吸引力是非常大的。

划分相应级别，在权益上体现出明显差别

社群在开展 VIP 模式时，需要注意的是，VIP 模式也需要竞争。大家都享受相同特权的时间久了，社群对这部分人来说也会缺乏吸引力。社群可以将付费会员分为几个级别，比如普通付费会员、精英付费会员、钻石级付费会员等。每个级别所收取的会费不同，所享受的特权也会有所不同：级别越高，收费越多，享受到的相应特权就越多。这样，社群也就在 VIP 内部引入了竞争机制，使得低级别的会员有了足够的升级成为高级别会员的欲望。

9.2. 广告模式

广告，无论是对于传统媒体还是新媒体都是最大的赢利来源之一，随着互联网成长起来的社群也一样，广告也是它们收入的主要来源之一。社群的广告模式有很多种，每一种都有不同的特点、不同的利润点。社群的广告模式大体上可以分为品牌广告、植入广告、软文广告三种。

9.2.1 品牌广告

社群赢利的方式有好多种，最常见的就是品牌广告，很多社交网站都会以群组、互动问答的方式来展开品牌广告。

个性化的品牌广告更受欢迎

很多社群都会面临这样一个问题，因为群内的品牌广告过多，或是太过单一，而导致粉丝产生厌烦情绪。特别是粉丝看一个视频或是文章之前，都要先看上几十秒的广告，而且大部分视频上的广告都一样。广告本身就招人厌烦，而且还要粉丝反复看上几十遍，那粉丝对广告的厌烦程度更是迅速激升。在粉丝对品牌过多而产生不满时，也会间接地对社群产生不满。当不满的情绪越积越多，达到一个顶点时，粉丝就会离开这个社群，去找一个广告相对比较少或是广告没有那么让人厌烦的社群。像一些视频网站就常常会出现这种问题，例如爱奇艺、优酷、乐视等，经常因为广告的问题被粉丝骂得狗血淋头。虽然它们为此专门推出了会员服务，只要加入会员就可以免除这种广告的困扰，但是想享受这种待遇是要收费的，很多用户都不愿意付这笔钱，因此，用户就会去寻找其他广告更少的视频网站。

其实，每一个社群都有广告植入，因为没有品牌广告的社群就没有收入，单纯为了降低粉丝的不满而把品牌广告撤掉是不现实的。但要如何才能在维持品牌广告的同时，又降低粉丝的不满呢？这就需要社群在设计广告或者挑选广告时多花一些心思了。广告本身就不是标准化的产品，需要有创意、有个性、有互动性，有了这些要素，粉丝看广告时的厌烦感就会降低很多。

选择与自身定位相符、相关的品牌广告

很多社群为了赢利，不管什么样的品牌广告都接，认为反正都是广告，何种性质的广告都无所谓。其实这种想法和做法都是错误的。既然广告已经无法避免地成为自己的赢利点，也是让粉丝产生厌烦感的原因之一，那我们就要想办法最大限度地降低粉丝对广告的厌烦感。选择一个与自身定位相符合的品牌广告是一个不错的办法。比如如果你的社群是走高端大气路线的，那么在选择广告时，就要选择那种大气的国际性品牌；如果你的社群走的是专业路线，例如汽车群，那最好选择汽车行业的广告。这样，粉丝也能从广告中了解到一些有用的信息。

这就像我们看电视广告一样，电视台总喜欢在节目中插播几分钟的广告，让人不胜其烦。不过有些电视台却能把观众对广告的厌烦感降至最低。电视台本身就是一个庞大的社群，电视剧、综艺节目是它用来吸引粉丝的内容，而广告就是它赢利的最主要收入，否则各大卫视就不会那么疯狂地抢收视率了。如图 9-2 所示。

图 9-2　湖南卫视各大节目

　　为了避免在广告时段粉丝转到其他台，湖南卫视在品牌广告选择方面把控得非常严格。它的广告虽然是通过广告招标会选定的，但是能入招标会的除了要有过硬的资金实力，也要和自身的定位、风格相符合。湖南卫视一向是以青春、时尚、快乐著称，因此它的广告也大多都符合这一点。

　　除此之外，一些热门综艺节目的广告更是经过精挑细选的。除了风格相符、产品相关外，播放的广告内容也要根据节目的内容来设计，就像《爸爸去哪儿》第三季，它的冠名商就是伊利。广告时间段内播的是由第一季和第二季的两对父子代言的"QQ星"儿童钙奶，与节目的定位刚好相符（图 9-3）；"去渍霸"洗衣液也一样，其 2015 年的广告就是根据《爸爸去哪儿》的内容设计的（图 9-4）。

图9-3　伊利QQ星冠名《爸爸去哪儿》第三季

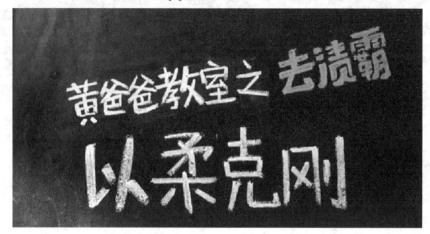

图9-4　"去渍霸"广告内容

与节目定位相符合的广告再加上第一、第二两季，又有观众极其喜爱的萌娃、老爸，因此，即使是在广告时间，观众也很少会将电视调转到其他频道。

9.2.2 植入广告

植入广告是社群广告的第二大模式，植入广告在一些APP社群上运用得较为广泛。中国99%的应用都是免费的，那它们都是以什么来维持运营的呢？有报告认为，大多数的APP由于前期成本很高，开发者都无法实现赢利，因此必须转而依赖应用内购或者以植入广告的形式来赢利。所以，APP的开发者除了要不断开发功能之外，还要做到把应用内的广告做得更有趣，与粉丝的联系更加紧密。只有这样，才能通过植入广告实现 APP 的部分赢利。

植入广告之内容

内容植入是效果最好且最易于让粉丝接受的植入方式之一。我们可以把广告的内容植入到某个 APP 中，并将企业的品牌名或是产品名作为关键词。曾经火爆一时的"疯狂猜图"就是很好的内容植入成功案例。该软件将NIKE、IKEA 之类的品牌名作为搜索关键词，既达到了广告宣传的效果，又不会影响粉丝玩游戏的乐趣，而且还因为融入了粉丝的互动，广告效果更加明显。所以，各大社群在植入广告时，可以学习"疯狂猜图"的方式，在内容上做植入，这样的广告既能给自己创造价值，又不会引起粉丝的反感。

植入广告之道具

道具植入是最适合游戏类 APP 的，粉丝可以一边玩游戏，一边接收广告信息。这样，粉丝大多不会因为广告而厌烦，且自身又多了一个道具内容。就像"人人餐厅"这款 APP 游戏，该设计者将广告主伊利舒化奶作为游戏中的一个道具植入到其中，让粉丝在玩游戏的同时对伊利舒化奶产生独特的认知和记忆，提升了品牌或产品的知名度。而且因为 APP 的受众较多，这样直接的道具植入更有利于提升企业品牌的偏好度。一个企业在 APP 中得到了好的营销效果，自然会吸引更多的广告商加入，APP 的赢利也会随之向上爬一大步。

网易"有道词典"是一款免费的手机翻译软件，自推出以后一直是手机翻译软件下载的第一名，有着非常坚实的粉丝基础。虽然它是一款免费软件，但是功能非常强大。那么它是如何赢利维持运营的呢？是的，它靠的就是植入广告。因为粉丝基础强大，所以与英语相关的企业想在手机 APP 上做推广时，都会选择网易"有道词典"。有这么多的企业主支持，"有道词典"的收入可不少。

那么它是如何做到既让广告主喜爱又让粉丝高度接受广告的呢？那就是靠植入广告的方式。从图9-5中我们可以看到，有个"45分钟，碎片时间学英语！"的推广，这就是英孚教育在"有道词典"上放置的广告。为了不让粉丝产生反感，将其放到一些知识普及的小版块中，这样粉丝既不会感到突兀，又能接收到广告的信息了。

图9-5　"有道词典"上的"英孚教育广告"

图9-6　"有道词典"上的"易宝贷"广告

除此之外，"有道词典"还在软件低端植入广告，因为位置处于底部，所以并不会影响粉丝的浏览体验，而且广告的设计与软件的整体风格也非常搭配，就像软件的背景一样（图9-6）。

9.2.3 软文广告

软文广告是社群生存的一个基本条件。微博、微信、博客、论坛、贴吧等都是依靠软文进行吸粉的，软文广告是它们维持运营的一个赢利点。那么什么是软文广告呢？百度上是这样解释的："企业通过策划在报纸、杂志或网络等宣传载体上刊登的可以提升企业品牌形象和知名度，或可以促进企业销售的一切宣传性、阐释性的文章，包括特定的新闻报道、深度文章、付费短文广告、案例分析等传达与推广与主题相关而非直接的信息。"简单地说，软文广告就是用最少的投入，吸引潜在粉丝的眼球，增强产品的销售力，提高产品的美誉度，在软文的潜移默化下，达到产品的策略性战术目的，引导和激发粉丝的购买欲望。

因此，有很多企业都非常喜欢通过这种方式为自己的产品打广告，一般会选择影响较大的微博、微信、博客等进行营销。

直截了当地为品牌写推广软文

很多社群会以某个品牌为命题，直截了当地撰写软文。不过在选择这种方式为企业做宣传时，要选择好宣传点。在做软文营销时要深入了解产品特性和目标粉丝的需求，并结合粉丝的实际需求和问题找出可以打动粉丝、最能对粉丝产生帮助的卖点作为宣传点。需要注意的是，主打卖点不要与其他产品相似，要做出差异化，做出产品的特色，这样粉丝才较容易接受，广告的效果也会比较好。比如你要为一个食品企业写软文，产品主要是关于养生食品，对减肥瘦身、美容养颜等方面有很好的效果，这是产品最主要的特点。因此，就可将这些特点作为宣传点，而想减肥瘦身、想美容养颜的女性及办公室白领就是你的目标人群。抓住宣传点，广告的效果才会更好，选择你的社群做广告的企业才会更多。

委婉迂回地为品牌写推广软文

有些粉丝很反感广告目的很强的软文，一旦收到都会直接屏蔽或取消关注，这样反而达不到广告主满意的营销效果，还会让自己掉粉。所以，现在很多社群都选择以委婉迂回的方式为品牌作软文推广，例如在介绍某个功能需求时，把企业的产品当作案例代入其中，或是将企业的产品作为软文中的图片等。但这种软文推广一时间很难收到强大的反响，相对来说，企业主对此所做的广告投资也就较小。

微信大号"文案策划"就是通过这种为他人做软文推广的方式来赢利的，它同时运用了直截了当和委婉迂回两种软文推广手法（图9-7）。

它经常会以文案策划技巧为名，将一些企业的产品广告融入其中，而且效果非常好。图9-8中一篇名为《这是我见过最酷的化妆品文案，没有之一》就是其为LANCOME化妆品做的软文推广。图9-9的文中讲述了文案策划的技巧，并以

图9-7 微信公众号"文案策划"

图9-8 "文案策划"某软文标题

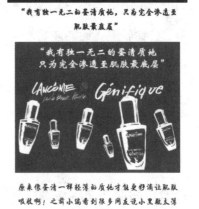

图9-9 "文案策划"某软文内容

LANCOME 的文案为案例，对其进行彻底的分析，在分析的过程中写出该文案策划的技巧，还将产品的功能、价钱、优势一一带出，可以说完全做到了不露痕迹地推广。这是委婉迂回的软文推广方式。

图 9-10 中，则直截了当地为某个企业品牌做推广。在该篇软文中，"文案策划"直接以产品名"三网合一"为标题名。在内容的布局上也是直接开门见山，写了该产品的特点、功能、优势以及能帮助粉丝解决痛点。对该产品有兴趣的人对于这样的推广软文是不会产生反感的，而且还会激发其购买欲。一旦粉丝的购买欲被激发出来，企业主在此做的软文广告投资也就有了回报。

图 9-10 "文案策划"软文

9.3 演讲，培训

对社群而言，演讲和培训都是比较常见的赢利项目，做得好，可以获得丰厚的利润。那么，一个社群怎么做才能最大限度地在演讲和培训方面进行赢利呢？

我们知道，历任美国总统退休之后，大多依靠演讲获得客观的收入，这其中虽然掺杂着很多名人效应的成分，但是我们也可以看到演讲赢利的光明前景——只要你说得好、说得对、说得精彩，那么就有人愿意掏钱倾听。

"罗辑思维"每天都会通过语音向粉丝推送全语音信息，其实这就是一种变相的演讲和培训形态，假如粉丝听了之后觉得很棒，那么就会为了倾听更精彩、更专业的演讲而掏钱，这样一来，演讲也就变成了社群实实在在的赢利渠道。

9.3.1 制作收费视频、文章

社群想要通过演讲和培训赢利，制造收费视频或者文章是一种不错的途径。现阶段，随着移动互联网高速发展，以前人们不得不亲自参加才能获得的知识有了在家就可以获得的可能，人们可以通过视频、文章等载体方便地学

图 9-11　"暴风影音"
有很多收费视频

图 9-12　《创业邦》杂志
官微"约采访"版块

习。这样一来，人们既减少了奔波之苦，也享受到了便利化的知识传播乐趣，为此而花费一些金钱也是心甘情愿的。

视频只要精彩就能换成人民币

在这个网络无处不在的社会，视频已经成为数字化大潮中的一种商品，只要够精彩、有特色，人们就愿意付费购买。所以，社群可以在充分调查人们需求的基础上制作专业性的视频，只有付费的粉丝才有权利观看。当然，社群也可以

引入别人的视频资源，制定相应的收费标准，供粉丝付费观看。

文章写得好，也能转化为财富

向报社和杂志社投过稿的人都知道，稿子被采用之后，报社和杂志社通常会支付相应的稿费购买文章的版权，这对作者而言，文字也就换成了钱。其实换个角度看，社群里的文章假如足够好，就会有粉丝愿意支付相应的费用进行阅读，所以社群也可以通过出售文章赢利。

《创业邦》杂志作为"创业邦"社群的"群刊"，其在官方微信专门开辟了"约"功能版块。在这个版块中，"约采访"其实就具备售卖文章的功能，客户有需求，其就可以专门写相应的采访文章，借助自身的影响力对客户进行宣传。

9.3.2 组织线下收费培训活动

对一个社群而言，假如自身有值得别人学习的资源，或者能够组织、聚集起众多别人比较迫切需求的资源，那么，这个社群就可以通过组织线下收费培训活动的形式进行赢利。

培训团队要豪华

社群所组织的收费培训活动想要有吸引力，一个最重要的指标就是培训团队的豪华程度：团队成员越豪华，这个培训活动就越有吸引力，别人就越愿意掏腰包缴费；反之，假如培训团队缺乏亮点，那么这个培训活动就可能无人问津，社群自然也就赚不到钱了。

"正和岛"社群经常会发布一些培训活

图 9-13 "正和岛"发布的
"格力实战工坊"培训活动

动信息，这些培训活动并不是免费的，想要参加的人必须缴纳一定的培训费用才行。这种收费培训活动受到很多中小企业家的追捧，虽然培训费用很“可观”，但是报名参加的人依然很多。究其原因，就在于“正和岛”推出的培训活动规格很高，拥有强大的“讲师团队”，有着让人不可拒绝的魔力。比如其推出的“格力实战工坊”培训活动，其“讲师”主力为董明珠、夏华、李连柱等格力高层，阵容之豪华堪称偶像级。

上午9:11 41%
正和岛商学院

课程 | 正和岛商学院日本极致服务之旅

2015-09-16 正和岛商学院

日本被全球公认为极致服务的典范之国，其服务背后的机理，值得服务型企业思考借鉴。日本的服务业不是掺杂个人主观感性、激情四射般的热情，而是充满了理性的情感传递。

日本的服务不论是行政性服务还是商业性服务，接待人员都是微笑面对，即便面对客户的无理取闹，都会以礼相应，离开的时候，还会说感谢光临之类的话，这样的服务，总是让人们难以忘怀。

服务的执著和创新要依托于文化和制度，学习、吸收和借鉴日式服务的精髓，妥善的引导，加上全社会的规范

图 9-14 “正和岛”推出的特色实用游学培训活动

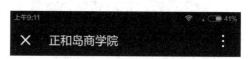

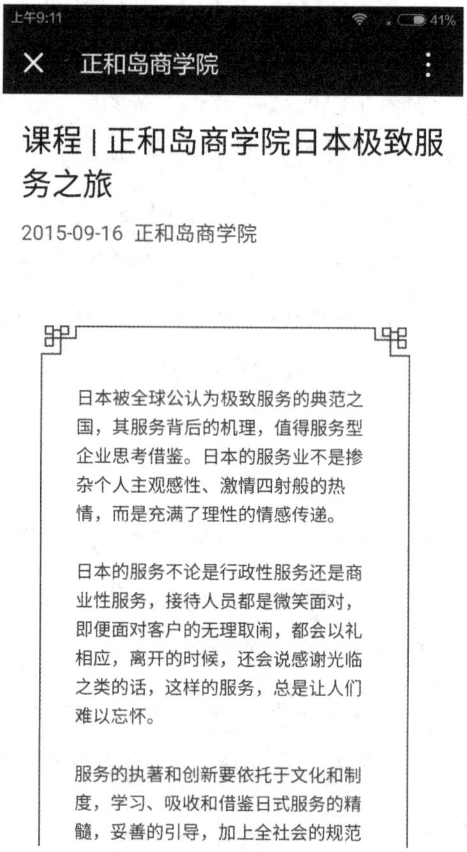

培训内容要实用、新颖

培训内容是否实用、新颖，也是决定社群收费培训产品成败的关键因素，没有任何一个理性的人愿意付费参加一场毫无价值的培训活动。所以，社群在制作培训类产品的时候，需要在内容上下功夫，力求最大限度地突出其实用和新颖的特色，如此才能吸引更多人付费参与。

9.4 卖产品，做销售

社群在功能上其实也可以转变为一家微店，通过向粉丝展示消费产品来

赢利。当然，这里说的产品并不是知识性产品，比如文章、策略之类的，而是实实在在的物质产品，诸如酒、茶、服装鞋帽等。做得好，社群还可以华丽变身为一家成功的微店。

质量要好

社群卖产品，必须要在质量上下功夫，卖最真实的产品。要知道社群产品的第一销售对象就是社群内的粉丝，假如产品质量不过硬，就可能在社群内部引发舆论大地震，让社群丧失粉丝的信任；反之，产品质量好，则能赢得粉丝的"信任背书"，一传十、十传百，可最大限度地提升产品口碑，继而将产品打造成"爆品"。

著名财经社群"吴晓波频道"也售卖酒类产品，其在"美好的店"版块中所出售的"吴酒"，因其产品质量过硬、口味纯正而深得粉丝喜爱。作为2016年新推出的产品，其一经推出，就被粉丝抢购一空。

图 9-15 "吴晓波频道"所售的产品

产品要有特色

社群在面向粉丝售卖产品的时候，一来要严把质量关，以品质赢得粉丝的"信任背书"；二来也要在产品特色上下足功夫，以特色取胜。特别是现今社会，人们对特色的要求已经上升到产品本身的实用价值之上，这就意味着社群如果抓住了特色，也就抓住了消费者的钱包。

"文玩雅兴"是一个汇聚文玩产品爱好者的社群，其在推送文玩信息的同时也出售文玩产品，进行营销活动。"文玩雅兴"所销售的产品都比较有特色，总能留给粉丝足够的良好印象，所以深得粉丝的青睐。

图 9-16 "文玩雅兴"
所售的特色产品

第十章

案例：不同的社群，一样的成功模式

在很多人的印象中，社群的种类似乎有很多，诸如企业家社群、创业者社群、自媒体社群、产品社群、交友社群等。有些人也许就会产生这样的想法：既然社群种类这么多，那么它们成功的方法也应该五花八门。其实不然，虽然不同的社群侧重的目标会有所区别，但是在成功的路径和方法上却有着共同性。

10.1 企业家社群：大投资，大赢利

企业家社群，顾名思义，其主要成员来自于各个企业的老板和管理层。现阶段，由于移动互联网的不断发展，越来越多的企业家意识到自身知识匮乏，需要不断地学习和交流，补充更多的知识才能跟上时代发展的步伐，才会在企业经营中找准方向、解决问题，带领企业突破瓶颈期，更好更快地发展。

这样一来，在众多企业家和管理者面前，选择有二：其一，进入各种商学院学习，补充商业理论知识；其二，加入企业家社群，在彼此交流中获取经验和建议。很多企业家都选择了第二种学习方式，也就是加入各种企业家社群。相对于补充理论知识的商学院，在企业家社群能学习到更好的商业模式，获得更大的资本投资，实现更多的赢利目标。也就是说，商学院中的教学更多是面向过去，企业家社群则是着眼于现在和未来，为成员提供商业模式、资本运作方面的帮助。

10.1.1 "银河会"：一个有价值的企业家社群

"银河会"成立于2014年11月8日，其建立宗旨是帮助有梦想、爱学习、爱分享、敢实践的年轻人、互联网创业者、传统企业负责人、各个行业内的专家智囊以及慧眼识人的自由投资人，通过大平台彼此交流，创新商业模式，分享高效的管理经验，最终开启一扇资本之门。

一言而概之，"银河会"的价值体现在其商业模式构建和资本运作上。在移动互联网时代，企业需要构建自己强大的商业模式，坐上资本运作的电梯，才能站在商业大潮的前沿，不断地发展和壮大。假如我们将企业的商业模式比作人体的骨骼，那么资本运作就相当于人体的血液循环，对人体而言，骨骼和血液缺一不可，对企业而言也是如此。"银河会"的价值就体现于此，

它为各个领域的创业者、变革者提供强大的商业模式支持以及有效的资本运作管理经验。

图 10-1　"银河会"尽显商业价值

立足资本运营，帮助中小微企业拥抱"未来"

在"互联网+"时代，企业家若没有互联网商业模式的思维意识，就很难在商业大潮中搏击风浪，实现自身的雄心壮志。在大资本融合时代，企业家若没有完整的科学资本运作理念，就无法去构建一个企业的美好明天。即使一家企业的产品能够引领科技浪潮，成为行业潮流的开创者，它也需要不断地创新和改进，这样才能为客户带来更多、更优的价值体验，迎合消费者不断提高的沟通需求和不断革新的消费习惯。假如企业跟不上人们沟通方式和消费支付习惯的改变，不能顺势而立新，那么这家企业就可能会被时代大潮所倾覆。

作为国内首家未来企业家社群，"银河会"专注于大视野下的资本整合，帮助企业缔造互联网商业模式。特别是在"互联网+"的商业环境和大资本时代背景下，"银河会"帮助了很多在中国经济转型时期遇到成长瓶颈的中小企业，促使它们打破了原有的落后经营理念，积极适应新的商业生态特点，破旧立新，借助大资本浪潮，帮助中小微企业获得新鲜"血液"，从而实现大商业理想。

为此，"银河会"邀请了国内外商业模式创新的实战导师，市场营销、O2O 平台搭建和实战专家，强大的管理咨询和互联网营销的电商团队，在社群中分享他们的互联网商业模式和先进管理理念以及高效成熟的资本运作经验。这些超级实用的宝贵经验，使得中小微企业家有了一个美好的未来，为自身企业之舟设置了一个全新的航向。

标签：资本运作

资讯 **2014互联网转型风暴，民营企业家成王败寇**

银河会 发布于 10个月前 (11-18)

日前，apec会议在北京如火如荼的举行了。我相信，全国的企业家甚至老百姓都对这次会议展现出了大国人民才有的自豪与兴奋。毕竟这样一次盛会，预示着中国经济发展格局又将迈入新的台阶，中国的国际地位与形象又将揭开新的篇章，中国的国际环境又将迎来前所未有的利好空间。然而，"民富才国强"。…

阅读(387) 评论(0) 赞 (1) 标签：品牌营销 / 商业模式 / 战略定位 / 资本运作

资讯 **新三板投资门槛有望调低 竞价交易最快年底推出**

银河会 发布于 10个月前 (11-13)

新三板做市交易系统上线至今已近三个月，市场呼吁降低投资者准入门槛的声音越来越强烈，而这种声音正在得到回应。11月12日，接近全国中小企业股份转让系统的专业人士称："投资者门槛并非一成不变，随着新三板市场的健康发展，存在调整现有的投资门槛的可能。至于如何调整、在什么时点调整，这是…

阅读(200) 评论(0) 赞 (2) 标签：新三板 / 资本运作

图 10-2 "银河会"分享的众多资本运作文章

O2O 模式

"银河会"微信公众号上提供了一流专家团队制作的内容，比如在"微学在线"母栏目里有"银河微视""银河电台""银河精选"三个子栏目，分别提供由互联网领域以及资本运作领域专家提供的视频、音频和图文的知识传播栏目。在大家学习的过程中，"银河会"还不断完善点评、交互、互动等功能特征，让用户在微信订阅号上获得的体验不仅局限于单纯的信息接收，还逐渐成为互动的主题，获得参与感，真正成为社群的主人。

另外，"银河会"每周在北京组织以"互联网主题"和"资本运作"为主题的沙龙讲座活动，并且全部都是公益性的免费分享。除此之外，"银河会"还陆续在全国各地组建新的沙龙基地，从而逐渐将线下服务延伸到全国更多的城市，创建起真正的社群O2O模式。

图 10-3　"银河会"微信号
"银河活动"引领社群 O2O

10.1.2 "私董会"：企业家和商界的新社群

私人董事会的兴起在企业家群体中掀起了一阵阵热潮，逐渐演变为商业领域内"时髦""高智商"的代名词。在一些圈子里，好像不知道"私董会"就如同不会使用计算机一样"落伍"了。关于"私董会"的传说和介绍也不一样，有拥护喝彩的声音，也存在着挑战的言论，其实对有志于做大自身企业的人来说，"私董会"的价值无疑是巨大的，值得参与。

其实所谓的"私董会"，是指一群人为了一个目标走到一起，组织成志同道合的盟友。在这个"社区"中通常存在着这两类人：一类是企业高管和老板，他们拥有丰富的人生阅历和商业背景，在事业上达到了一定的高度，但是仍然在继续努力，希望将自己的企业做得更大更强，成为行业的翘楚；另一类则是创业者，他们怀揣着创业梦想，心比天高，但是在经验阅历上都有所欠缺。在这两类人身上存在着一个共同点，那就是他们都积极乐观，都希望在不断地完善自己的同时也成就他人。

缔结信任

信任是"私董会"给予成员的第一份礼物。一般而言，"私董会"讨论的话题都比较私密，比如男企业家需不需要拥有红颜知己？怎样才能赶走那些不能理解企业发展目标的管理人员？某项决策失误之后，怎样才能快速地重建信心？讨论的话语越是私密，就意味着小组成员之间的信任度越高。当然，刚刚加入"私董会"的人不会在一开始就将这些私密性的话题抛出来，而是在不断地参与和试探过程中渐渐地积累起了信任后才会这样做。

图 10-4 "私董会"
帮助企业家认识更多值得信赖的"盟友"

浙江方盛集成公司 CEO、浙商"私董会"钻石组成员张栋很早就加入了"私董会"，他说，"私董会"黏性很高，"大家能信任到把公司最真实的那个账本跟小组成员公开"。他觉得这种学习型社群性价比很高，相对于商学院的学费，"私董会"的会费很低，读两年商学院的费用够他在"私董会"里用 10 年，但是学到的东西却比在商学院学到的实用得多。

全方位学习，全方位提升

"私董会"是一种"互助性"的学习社群。现阶段，很多有雄心、有个性的企业家和创业者都乐于提升自己，但是又不愿意回到课堂接受商学院呆板的"过去式"教学，而是希望向有着类似或者不同经历背景的人学习。更重要的是，"私董会"除了知识之外，成员之间还直接分享了智慧、时间、成本、效率，这种全方位的学习和分享，极大地促进了成员个体的提升和成长。

面向未来学习

正如爱因斯坦所说："我们不能用旧的思维模式来解决问题，因为起初正是这种模式导致了问题的发生。"有远见的企业家意

图 10-5 某"私董会"
微信公众号展示的"全方位"话题

识到，正是过度依靠经验来解决问题才导致了问题的发生，所以不管是个人还是企业，都不能停留在经验上。而"私董会"正是一种面向未来学习的新的模式，大家坐在一起探究解决各自目前所面对的问题，通过发现、解决正在显现的问题，解剖活生生的案例，找到方法，指明通往未来的方向，这正是面向未来学习的最佳方式。

图 10-6　"私董会"面向未来学习新模式

图 10-7　"私董会"帮助成员一起学习

10.2 创业者社群：所有屌丝都是潜力股

相对于已经初步实现自己梦想的企业家来说，创业者的梦想还处于构建和起步状态。为了能够顺利构建梦想，迈出通向成功的第一步，创业者在借鉴成功者经验的基础上，还需要彼此学习，交流成功的经验和失败的教训，于是就有了创业者社群。

在创业者社群中，成员之间是互助性的关系，当一个人说出自己的创业想法之后，社群中的其他成员就会提出自己的建议，指出其中不足，细化步骤，帮助这个人完善想法，助其在具体的行动中获得成功。当然，当一个人提出的想法非常好的话，也可以吸引社群中其他人加入，通过"抱团创业"的方式提升创业的成功率。

10.2.1 "创业邦"：以杂志为媒介，以读者为桥梁

"创业邦"是美国 Entrepreneur 集团的中国独家授权合作伙伴，其成立于 2007 年 1 月，致力于成为中国创业类第一媒体集团，帮助中国新一代创业者实现创业的梦想，推动中国中小企业突破瓶颈、不断壮大。

为了实现这一目标，帮助创业者实现梦想，"创业邦"推出了"创业邦网站"、《创业邦》杂志和各种创业者类的活动。通过这些措施，"创业邦"给予了众多有志于创业的人一个完美的家园，一个可以获得创业资讯和交流创业经验的社群平台。更重要的是，"创业邦"社群将此前彼此不相识的创业者捆绑在一起，使得之前单打独斗的人为了梦想而聚集在了一起，不管在管理模式还是在资本运作上，都有了巨大的进步，让创业者的梦想之路变得越来越真实。

《创业邦》杂志，传递了经验，点燃了梦想

"创业邦"有别于其他社群的一个最显著特点在其不仅有网站，还拥有自己的杂志——《创业邦》。《创业邦》杂志致力于成为中国创业者的思想乐园和个

图 10-8 《创业邦》杂志

人行动指南，不仅为创业者提供阅读上的愉悦，还为创业者的行动指明方向，为中国成长中的中小企业提供企业发展中遇到的各种问题的解决办法。

随着不断地发展，《创业邦》杂志现在已经成为广大创业者了解创业信息、寻找创业灵感、获得创业动力的最主要媒介。更重要的是，《创业邦》杂志还对广大创业者的行动起到一个"催化剂"的作用，让想创业的人从诸多创业者的事迹中汲取正能量，迈出创业的第一步。

坚持互动，让每个成员都参与进来

《创业邦》杂志的另一个独到之处在于，其稿件来源和报道对象均为创业者，不管是行文还是故事情节，都是真实发生在创业者身上的。这样一来，杂志读起来就异常"新鲜"，有血有肉，展示在读者面前的也是创业一线的第一手经验和教训，对有志于创业或者正在创业之路上摸索的人来说，堪称自我挖潜利器——从别人可行的想法和成功之路中获得勇气，极大地激发创业者的自身潜能，促使其迈出关键性的一步，得以在创业之路上飞驰。

图 10-9 《创业邦》杂志官微丰富的互动设置版块

10.2.2 "正和岛"：社群变财富

"正和岛"是中国企业家的社交、分享平台，是一个深度挖掘成员商业潜力"宝藏"的社群。"正和岛"的创始人为刘东华，其早在 1999 年就意识到，企业家群体，特别是那些不满足于现状、希望通过二次甚至是多次创业成为行业翘楚的企业家需要一个社群，能够为他们提供有价值的信息，并打造一个安全的港湾。

2010年，刘东华开始构建"正和岛"，倾尽全力打造"中国商界第一高端社交与价值分享平台"，马云、柳传志等近30位企业家和机构联手为其筹集了近亿元启动资金，其超强的社会关系由此略窥一斑。

将社群变成财富

"正和岛"之所以能够成功，和创办人刘东华超强的高端商业关系有着巨大的关系。在创办"正和岛"的过程中，他获得了柳传志、马云、王健林、施正

图 10-10 "正和岛"官微

荣、李开复等明星企业家的大力支持。在手握这些高端社会关系的基础上，"正和岛"还没有正式"开岛"，就有很多人提前将"住岛费"交了上去。

不仅刘东华自己拥有超强的社会关系，他也力促登岛的"岛民"通过各种活动，比如"正和岛岛邻大会""正和岛新年家宴""正和岛夜话""走进名企""企业互访"等活动，让岛民在思想交锋、观点碰撞、把酒言欢中，结识新朋友，积累新的社会关系。

图 10-11 "正和岛"举办的岛邻大会

一言而概之，在"正和岛"，成员可以结识高端商业人物，甚至是明星企业家，这是"正和岛"最大的吸引力所在。这大大降低了社交和合作信用成本，"岛民"在这里结识的都是信用度高、实力强大的企业家。

定位精准，变身企业家离不开的"内参"

"正和岛"的目标定位人群为高端商业人群，会员必须是所在企业的创始人、董事长或者CEO，企业必须成立3年以上，且上一年的销售收入在1亿元人民币以上。"正和岛"为这些高端企业家们提供了专业的"内参"，即"岛民"可以在"正和岛"封闭的社交网络上以最少的时间看大量经过专家编辑和筛选过的必读信息，诸如客户端资讯、决策参考、每日推荐手机报等资讯。

图10-12 "正和岛"提供给企业家独一无二的内参

10.3 自媒体社群：新姿态，新玩法

自媒体社群是互联网时代的新兴产物，它以新的姿态向人们展示了"原来媒体也有这种新玩法"的理念。自媒体社群是一群被商业产品满足需求的粉丝，以兴趣和相同的价值观集结起来的固定社群。它们在聚合度、交流频率、行动协调等方面都比传统媒体"高上"许多，比如一些视频和一些高校

BBS等。

自媒体社群有着两大优势：一是聚众传播效应。它是指个性化的自媒体以内容生产、多渠道传播的方式形成内在的凝聚力，把无数网民聚集在一起，变成自媒体的粉丝。与此同时，自媒体也要为这部分粉丝提供内容、产品，充分满足粉丝的需求。二是分众传播。在大众社会不断碎片化的环境下，媒体受众群体的个性特征越来越明显，自媒体也只能朝着个性化、特色化的方向来发展，以此来吸引粉丝、留住粉丝。自媒体的交流是交互式的、去中心化的，它与粉丝处于平等地位。粉丝对自媒体的选择权也得到了解放，同时也决定了自媒体传播者必须根据粉丝的需求去生产内容和产品。

10.3.1 "罗辑思维"，文化人的聚集地

自媒体一直都是以追求社群经济为终极目标的，所以它们一直在建立自己的品牌。"罗辑思维"自推出后，就一直在建立自己的品牌。它是由央视《对话》栏目前制片人罗振宇和独立新媒创始人申音合作推出的，如今，该自媒体视频栏目的付费会员已经达到 600 多万。可以说"罗辑思维"已经成为一个能赢利的、成功的自媒体社群品牌。如图 10-13 所示。

图 10-13　"罗辑思维"

品牌定位清晰

"罗辑思维"一经推出，就获得粉丝无数，更是赢得了"第一知识社群"的美誉。其成功主要是基于罗振宇对它所作的四个重要定位：第一个定位是受众定位。"罗辑思维"聚焦与时代紧密接轨、积极上进、追求自由的中产阶级知识分子。这些高学历、年轻、消费能力强、爱追求新事物的粉丝为社群经济的产生奠定了坚实的基础。第二个定位是产品定位。从网络视频脱口秀到微博群、公众号再到图书、微刊、电子杂志，"罗辑思维"的产品形式虽然不断地在改变，但是"死磕自己，愉悦大家""做大家身边的读书人"的产品定位一直没

图10-14 "罗辑思维"微信公众号

有改变。第三个定位是个性化定位。自媒体要成功就必须要有个性。"罗辑思维"先是建立了微博圈，让粉丝与主持人有了一个很好的互动平台，又建立了微信语音推送，让粉丝输入关键词来获取信息，这在千篇一律的图文信息中更显得独树一帜。第四个定位是推出了会员招募制度，充分地把社群的价值激发了出来。

奉行内容至上的原则

高质量的内容永远是一个品牌成功的关键，"罗辑思维"之所以能稳定发展，就是因为深信内容为王。优质的内容离不开优质的团队，"罗辑思维"背后有专业的团队在运作，从筹划到后期，都有人严格把关。罗振宇本人非常重视内容的质量，为了保证每天早上60秒的语音推送，有时一条语音要录制30多遍。"罗辑思维"内容是分享罗振宇的读书心得，话题非常有趣、

有意义，涵盖的范围也非常广，包括政治、历史、文化、科技、生活等多个方面。同时，他还以生动的案例来触发粉丝思考，以小见大。高标准制作、内容广博等专业化的要求形成了"罗辑思维"特有的风格和品位。

10.3.2 "关爱八卦成长协会"，专做明星八卦的社群

"关爱八卦成长协会"是由马睿主持，每周一和周五晚上8点15分在优酷网在线平台上播出的娱乐节目。这档节目因为依托于湖南电视台的庞大明星网络，爆料明星八卦，"生产"独特见解，再加上特殊的配音方式和让人欲罢不能的个人魅力，让节目在播出之后大受欢迎，点击量过亿，创造了一个在线娱乐节目的传奇。

"关爱八卦成长协会"在茁壮成长的过程中，迅速形成了以"小老婆"为名称的粉丝团，人数之多、影响力之大，远远超出了节目主创团队的预料。在此基础上，"关爱八卦成长协会"开展了社群营销模式，借助微博、微信等自媒体，将"小老婆"聚集在一起，借助粉丝的"信任背书"，逐渐成为人气很高的互联网娱乐节目之一。

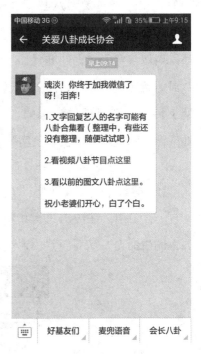

图 10-15 "关爱八卦成长协会"微信公众号

"售卖"明星八卦

"关爱八卦成长协会"节目定位非常明确，那就是"售卖"明星八卦。在此基础上，不管是其微博还是微信社群，都紧紧围绕"明星八卦"这一核心设置话题。很多时候，当社群中爆出一条明星八卦事时，往往能够吸引成千上万粉丝的关注和参与，在第一时间内形成社交引爆，无限地扩大了社群

的知名度和影响力。

既然是售卖，就要保证"产品"的真实性。明星之所以被称之为"星"，一来是因为其地位高，二来是因其粉丝众多，受关注度高。所以，在操作话题的时候，尽管打着"八卦"的噱头，但是在爆料内容上，"关爱八卦成长协会"都秉持以事实为依据的准则，从不"制造"八卦，而是寻找"八卦"，不管是互联网上传播的还是明星自爆的，都有其出处来源，八卦爆得"货真价实"。

图 10-16　"关爱八卦成长协会"
分析某女星微博

粉丝互动，人人都是"八卦嘴"

一个社群，主办方只有和粉丝进行充分的互动，打成一片，才能焕发出强大的生命力，获得超强的人气。"关爱八卦成长协会"在爆料过程中，和

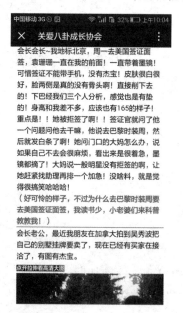

图 10-17　"关爱八卦成长协会"中的粉丝爆料

粉丝互动频繁，经常刊登粉丝偶遇某位明星的新闻，展示他们对某些明星的第一印象，评论他们在明星面前的表现。这种来自于粉丝的第一手爆料，新鲜而又丰满，有血有肉，带有粉丝的情感，极易演变成"娱乐病毒"，感染社群其他成员，并积极向社群之外扩散，感染更多的人。

提供简单的娱乐

在爆料之余，"关爱八卦成长协会"主创人员也会精研明星的专业技能，从中找到可以娱乐大众的"料"，提供简单而又劲爆的娱乐，让大家得以轻松一笑，将之当成聊天中的"调味品"，扩散到生活和工作中。这样一来，人们就会在社群中卸下各种消极的心理负担，收获轻松和自由，最终加深对社群的喜爱之情，并进行"信任背书"，大力支持社群的发展壮大，并自发地向身边的人推荐社群。

图 10-18 "关爱八卦成长协会"
精研的娱乐节目

10.4 产品社群：小米，专为粉丝服务的社群

所谓产品社群，其形态是"产品＋粉丝"，在这个社群中，产品是"钢筋水泥"，是支撑整个社群存在和发展壮大的基础；而粉丝则是入住社群的商户和产品忠实的拥护者、追求者，也是整个社群运转的核心参与者。也就是说，产品社群是粉丝直面产品的平台，是交流产品使用心得、提出产品升级改进意见、参与新产品研发的主阵地。

基于此，产品生产商家应该积极创办产品型社群，特别是在"互联网＋"时代，产品的重要性不断凸显，粉丝也变得越来越重要了，假如企业和商家能够将产品和粉丝巧妙地用社群的形式结合在一起，展示产品的特色，培育粉丝，那么其产品势必会获得更大的市场占有率。

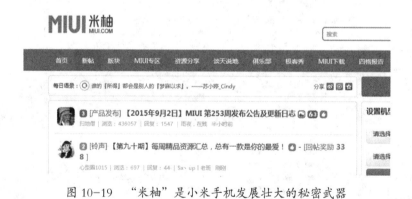

图 10-19 "米柚"是小米手机发展壮大的秘密武器

大家都看过科幻电影，当高维度文明攻击低维度文明的时候，其武器是"降维"。假如我们将互联网思维看作高维度文明，那么工业化思维则是低维度文明。互联网思维下的企业武器就是去毛利、去库存、去渠道、去营销、去管理，在这样的武器攻击下，任何传统对手都将无力抵御。

也就是说，企业想要生存，就必须学会"降维化"，当企业能够经营自身的产品社群，做到营销和产品合一、粉丝和用户合一，产品的竞争优势就会无限放大。而小米科技正是着眼于此，正是基于积极建立为用户服务的社群，不断在社群中收集产品缺点，提升产品性能，完善产品服务，才有了"小米"今日的辉煌。

服务用户需求，在社群中制造产品

从米1到米4，青春版、红米、红米note，点视、平板、盒子、路由器、充电宝等，这些小米产品都是在收集社群成员需求和意见的基础上设计诞生的。小米一直以来都是服务于用户需求的产品，从理论上讲，只要有用户需求，小米的产品线上就会有相应的产品出现。

特别是针对社群中用户对高性价比电子产品的需求，小米在手机用户设计建议和自身研发的基础上，推出了各种高性价比手机产品，用低价高性能的产品服务于用户的生活和工作，充分地让利于广大用户。

图10-20 "米柚"上专门设有收集成员需求和建议的版块

建立完善的社群服务体系

小米的社群为了更好地服务粉丝，其结构是非常完整的。它不仅有领袖人物，还有参与研发设计的荣誉顾问和明星用户，而且在小米论坛中还活跃着一大批认证用户。正是在如此完善的社群服务体系的基础上，小米才能建立起堪称典范的社群文化，它会根据粉丝经验值贡献度来划分不同层级，然后在论坛上给予粉丝不同的角色，以此共同维系小米论坛的生态。

图 10-21　"小米论坛"因完善的服务体系而凝聚了大量粉丝

做好售后

对于任何一款产品而言，做好售后服务都是不容忽视的竞争力的表现，哪款产品售后服务好，就容易获得用户的信赖，拥有更多的粉丝。正是基于这一点，不管是小米社区还是"米柚"，都设有售后服务功能，方便用户随时随地反映产品在使用过程中出现的问题，从而第一时间启动，帮助用户解决问题。

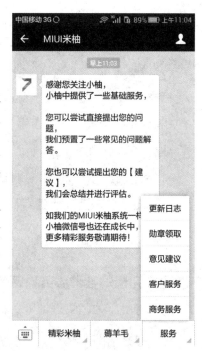

图 10-22　"米柚"
上的服务版块

10.5 交友社群：交交朋友，聊聊天

交友社群，顾名思义，其创办的最初目的就是为了结交朋友，认识更多的人。在这类社群中，成员之间可以谈论一些共同感兴趣的话题，诸如兴趣爱好、股票证券、电子产品、旅游目的地等。在聊天的过程中，成员之间会逐步加深彼此了解，最终由陌生人变为朋友。

交友社群侧重社会关系的培育，是人和人之间交流沟通的平台。在交友社群中，人们可以放下日常生活和工作中的"伪装"，畅快自由地谈论感兴趣的话题，并且结识和自己志同道合的人，让原本"孤单"的自己变得乐观、强大起来。更重要的是，在兴趣相同的基础上，群友还可以形成合力，开创共同的事业，实现各自人生的价值。

10.5.1 "K友汇"：只想帮"K友"认识更多小伙伴

"K友汇"致力于打造全国高端社交O2O聚集合作平台，其创建宗旨是：秉持开放包容的心态，分享彼此的社会关系，让每个人都能从这个社群中结识更多的朋友。自2013年9月发起以来，"K友汇"已经发展成为中国最具影响力的社群品牌之一，其覆盖国内300个城市，旗下衍生出30多个细分子品牌！

在"K友汇"，个人可以依托其强大的城市覆盖范围和近百万的线上人数结交更多的朋友，获得更多的社交资源。于是就有了这种可能：在"K友汇"上结识了天南海北的朋友，使得我们不管走到哪个城市，都有人接待。

秉持自由开放的精神

"K友汇"提倡的是一种自由开放的精神，希望可以通过自身平台让"K

友"认识更多的朋友，编织起更丰厚的社交网络。在"K友汇"，人人平等，人与人之间相互关爱、共同进步发展，而且管理团队也很积极地帮助每一位成员，从来不做什么协会，也不搞企业化运行。大家聚集在一起的共同目标就是认识更多的小伙伴。

"K友汇"体现爱的最重要的一项规则就是，各地的"K友汇"分群只要是群内的成员，到当地都能享受到负责人无条件的组织和接待，并且自由地参与

图10-23 "K友汇"在爱的宗旨下汇聚各行各业的好友

当地的"K友汇"活动。这样一来，就相当于每位成员在全国各个城市都有了一个"家"，有了更多的"家人"。

个人创业成功的孵化器

"K友汇"的成功之处不仅在于其成员之间秉持"爱和自由"之精神，相互支持和帮助，让每个人都在社群中认识更多的朋友，更为重要的是，在"K友汇"，个人还能获得更多的资源和粉丝，在商业上也做出一番成就。比如"K友汇"沉香妹在加入"K友汇"之后，其微信粉丝由最初的几百人迅速增加到几万人，沉香妹也在此基础上推广自己的沉香产品，并获得了巨大的成功，成为社群经济的受益者。

一言而概之，"K友"在"K友汇"

励志微商 |"一花一世界 一叶一菩提"K友汇沉香妹用"沉香"连接你我！

2015-08-13 K友汇

文/思大勇（全球K友汇公众号总督导）

说到沉香妹，她算是K友汇各城市负责人中做微商最成功的一位。低调、务实、谦卑、进取，用这八个字来形容她一点都不为过。一方面她

图10-24 "K友汇"宣传沉香妹的成功故事

结交的朋友也是其之后创业的基石；在"K友汇"学到的知识、获得的创业灵感，为其之后自主创业注入了灵魂、指明了方向。从这个意义上来看，"K友汇"是当之无愧的个人创业孵化器。

10.5.2 "陌陌"：我们约不约

"陌陌"是陌陌科技开发出的基于 iPhone 和 Android、Windows Phone 的手机应用，它有别于微博、微信、QQ、MSN 等手机社交软件。"陌陌"的一大亮点是对使用者位置信息的精准定位，人们通过"陌陌"可以更加便捷地发现附近的人，继而更加精准地和周围的人进行即时互动，交流信息。也就是说，利用"陌陌"进行交友，大大降低了社交门槛和成本，使得人们能够更加真实地掌握对方的信息，更为顺畅地进行互动。

专注于用户关系，在社交细节上彰显"魅力"

在"陌陌"上交友已经成为时下很多人热衷的社交行为，而"陌陌"的这种超高人气，是和其专注用户关系、做好细节文章分不开的。"陌陌"用户关系是单向关注和相互关注，而不是传统型的申请好友关系。这种设计对用户来说，大大降低了社交过程中的挫败感——交友申请不会被拒绝。这样一来，用户的体验满意度也就大大提升了，特别是男性用户，加女性为好友的时候可能会被拒绝，但是关注对方一般不会被对方拉黑。

绑定其他社交工具，更易了解陌生人

"陌陌"的用户展示页设计得很有特点，它可以和新浪微博、人人网等社交工具进行

图 10-25 "陌陌"
的关注功能设置得比较巧妙

绑定，这样，我们便可以从"陌陌"里看到陌生人，然后再通过它绑定的一些社交工具了解陌生人的生活和工作状况。通过事先了解，我们对陌生人就会变得熟悉起来，就很容易找到话题，和陌生人建立联系，最终成为朋友。

精准定位，让交友更真实

"陌陌"上有"附近"功能，可以让我们非常容易地找到附近的人。和微信查找附近的人功能不同的是，"陌陌"给出的附近用户位置精确度更高，它能精确到米。这样一来，精确的定位信息便增强了我们通过"陌陌"交友时的信任感，因为精确的距离消除了网络的虚幻和不确定性，让我们有了对方就在不远处的真实感。

图 10-26 "陌陌"可以绑定微博和人人网

图 10-27 "陌陌"可以提供精确到米的定位信息